广西全民阅读书系

广西全民阅读书系

[法] 玛丽·居里 著

李学宁 孙芳 译

居里夫人文选

中学版

广西出版传媒集团　　广西科学技术出版社

图书在版编目（CIP）数据

居里夫人文选 / （法）玛丽·居里著；李学宁，孙芳译 . -- 南宁：广西科学技术出版社，2025.4.

ISBN 978-7-5551-2490-0

Ⅰ . K835.656.13-53

中国国家版本馆 CIP 数据核字第 2025 MG 2165 号

JULI FUREN WENXUAN
居里夫人文选

总　策　划　利来友

监　　　制　黄敏娴　赖铭洪

责任编辑　袁　虹

责任校对　冯　靖

装帧设计　李彦媛　黄妙婕　杨若媛　韦娇林

责任印制　陆　弟

───────────────────────

出 版 人　岑　刚

出　　版　广西科学技术出版社

　　　　　　广西南宁市东葛路 66 号　邮政编码 530023

发行电话　0771-5842790

印　　装　广西民族印刷包装集团有限公司

开　　本　710 mm×1030 mm　1/16

印　　张　10.25

字　　数　133 千字

版次印次　2025 年 4 月第 1 版　2025 年 4 月第 1 次印刷

书　　号　ISBN 978-7-5551-2490-0

定　　价　28.00 元

───────────────────────

如发现印装质量问题，影响阅读，请与出版社发行部门联系调换。

序言

威廉·布朗·梅洛尼夫人

在历史的长河中，总有那么几个瞬间，会出现一些肩负着伟大使命的人物，玛丽·居里（居里夫人）就是这样一位了不起的人物。她发现的镭元素，不仅减轻了人类的病痛，推动了科学的发展，而且让我们的世界变得更加丰富多彩。她在科研工作中展现出来的精神，不仅挑战了传统观念，而且触动了我们的心灵。

1898年春天的一个早晨，当美国正准备与西班牙交战时，居里夫人从巴黎郊外一间简陋的实验室走了出来，手里紧握着的是这个世纪最伟大的秘密。

这是一个不为人知的伟大时刻。

那天早晨的发现并非偶然，而是战胜重重困难和不顾其他人怀疑的成果，是多年如一日耐心研究的结晶。居里夫人和她的丈夫皮埃尔·居里共同揭开了大自然中最珍贵的秘密。

我被邀请分享由我发起的玛丽·居里镭基金募捐活动的缘由，以及我是如何说服她撰写这本书[①]的。

---

① 指居里夫人撰写的《皮埃尔·居里传》。

然而，在为这本书撰写序言时，我非常犹豫。有一次，她温和地责备我，因为我在一篇文章中带着感情叙述了一些事实，尽管这些事实赞美了她。"在科学世界里，"她说，"我们应该关注的是事物本身，而不是人。"

可见，居里夫人非常谦虚。在经过长时间的劝说之后，她终于同意在这本书里留下她的自传笔记。但她还有许多故事未充分讲述，我觉得我有责任补充这些内容，以帮助读者更全面地理解这位伟大而高尚的人物。

1915年，我在编辑意见簿上写下了这样一句话："世界上最伟大的女性故事——玛丽·居里，镭的发现者。"

从那时起，我便开始了长达4年的搜集工作。我几乎委托过每一位出国的知名作家，希望他们带回关于居里夫人的故事。然而，他们总是空手而归，告诉我"找不到她""她总是在前线"或"她不见记者"。我写给居里夫人的信也石沉大海。那时我并不知情，来自世界各地的大量信件都堆积在她的实验室里。实验室里没有秘书来处理这些信件，而她自己则带着她的X射线设备奔赴前线，为了拯救生命而不懈努力。

1919年5月，我因公事到巴黎出差，决定无论如何都要见到居里夫人。我的朋友巴黎《晨报》总编辑斯特凡·洛赞告诉我："放弃吧，把你的注意力转移到别的事情上。她不会见任何人，只会全身心投入工作。"

我开始追问。

"她非常简单，而且极其低调，"斯特凡·洛赞说道，"在她的生活中，很少有事情比公开露面更让她感到不适。她的思维清晰，逻辑缜密，像科学本身一样。她无法容忍或理解那些夸张和不准确的引述。她始终不理解，为什么媒体关注的焦点总是科学家个人，而非科学本身。在她的世界里，只有家庭和工作占据着无比重要的地位。"

"皮埃尔·居里逝世之后，巴黎大学的教师和领导决定打破以往的先例，授予居里夫人巴黎大学的教授职位。居里夫人接受了这一职位。随后，她的聘任日期正式确定了下来。

"1906年10月5日下午，一个注定要载入史册的日子。在那个具有历史意义的时刻，皮埃尔·居里教授曾经授课的班级成员齐聚一堂。

"聘任仪式的场面非常壮观，政治家、学者以及全体教师一一列席。突然，一位身穿黑色服装、双手苍白、额头高耸的女性，从一扇不起眼的侧门步入会场。她那突出的额头首先吸引了所有人的目光。站在我们面前的，不仅仅是一位女性，更是一个拥有卓越头脑和活跃思维的人。她的登台引发了观众长达5分钟的热烈掌声。当掌声渐渐平息，居里夫人的身体轻轻前倾，嘴唇微微颤抖。在场的每一个人都好奇她将要说些什么。这一刻如此重要，无论她要说哪一句话，都将注定被记入历史。

"坐在前面的一位速记员，准备捕捉她的每一句话。她会提到她已故的丈夫吗？她会向部长和公众表达感谢吗？不，她的开场白简单直接：

"'当我们回顾自19世纪初以来放射性理论所取得的进展时……'对于这位伟大的女性而言，工作才是最重要的事情，时间不能在无关紧要的寒暄中浪费。她抛开了繁文缛节，继续着自己的演讲。除了脸色异常苍白、嘴唇微微颤抖，她的声音清晰，语调适中，没有流露出任何让她失控的强烈情感。

"这正是伟大灵魂的典型特质，她勇敢而坚定不移地投身于工作中。"

"因此，"斯特凡·洛赞下了结论，"试图打断她的工作进行采访是徒劳的。"

后来，我遇到了一位与居里夫人共事的科学家。他听懂了我的愿望，但也跟斯特凡·洛赞一样，告诉我采访居里夫人是不可能实现的。尽管如此，他最终还是答应帮我把信件转交给居里夫人。我曾10次提笔写信，又10次撕毁。在其中一封信中我写道："我的父亲是一位医生……人们对我不重视的程度，再怎么夸大都不为过。但您在我心目中的地位坚如磐石，历经20年仍然没有改变，我渴望能与您见面几分钟。"令人惊喜的是，一小时内我就收到了居里夫人的回复，我们约定第二天早上在她的实验室相见。

我曾在爱迪生的实验室里待过几个星期。在物质财富方面，爱迪生的实验室条件极为优越，这是他辛勤工作和非凡才华的应得回报。在他的实验室里，各式各样的设备一应俱全。无论是在金融界还是在科学界，爱迪生都是一位极具影响力的重要人物。小时候，我住在亚历山大·格拉汉姆·贝尔①家附近，常常羡慕地望着他家的豪华住宅和漂亮骏马。不久前，我来到匹兹堡，那里耸立着世界上最大的镭提炼厂的高大烟囱。

我记得，美国曾豪掷数百万美元用于研发镭制手表和镭制枪瞄具。与此同时，美国各地储存着价值数百万美元的镭。因此，我原以为会见到一位知识渊博的女性，她会通过自己的努力变得富有，住在香榭丽舍大道或巴黎其他美丽大道上的白色宫殿里。

然而，我见到的是一位极为朴素的女性。她的实验室非常简陋，

_____

① 亚历山大·格拉汉姆·贝尔（1847—1922），苏格兰杰出的发明家，以发明电话而闻名于世。

住的公寓也简朴无华，生活来源不过是作为一名法国教授所得到的微薄薪水。当我走进巴黎大学古老墙壁映衬下格外显眼的皮埃尔·居里路1号新楼时，我的脑海里已经勾勒出这位镭元素发现者的实验室的模样。

我在那间空荡荡的小办公室里等待了片刻。办公室内的家具展现出一种简约的风格，可能是从美国密歇根州大急流城①购买的。接着，门开了，走进来一位脸色苍白、神情羞涩、身材瘦小的女性。她身穿一件黑色棉布长裙，脸上露出我以前从没有见过的忧伤神情。

她的双手，虽然线条优美，但是布满了岁月的痕迹。我注意到她有一个小习惯，她经常会紧张、快速地摩挲自己的拇指。后来我才明白，长期与镭打交道让她的手指变得麻木。她善良、耐心、美丽的脸庞上带着学者超然的表情。我突然意识到我是一位不速之客。

我一时语塞，紧张感甚至超过了她。20年来，我是一位训练有素的采访者，然而此刻，在这位身着黑色棉布长裙的温柔女士面前，我一个问题也问不出来。我原想告诉她，美国女性对她从事的伟大工作非常感兴趣，结果却发现自己一直在为占用她宝贵的时间而道歉。为了让我放松下来，居里夫人开始谈论美国。多年来，她一直希望能访问美国，但她不能离开孩子们。"美国，"她说，"大概有50克镭，其中4克在巴尔的摩，6克在丹佛，7克在纽约。"她继续列举着每一克镭的所在地。

"那在法国呢？"我问道。

"我的实验室里，"她轻描淡写地回答，"有1克。"

"你只有1克？"我惊呼。那意味着不到1盎司的1/24。

---

① 美国密歇根州大急流城因家具制造业而闻名，办公家具在此批量生产，风格简洁，没有过多的装饰。

"我？哦，我一点也没有，"她纠正道，"镭是我实验室的。"

我向她提起专利的事。我想，她一定为她生产镭的过程申请了专利保护，这样的专利收入会使她变得非常富有。

她回答得很平静，似乎没有意识到自己做出了多么巨大的牺牲："我们没有申请专利。我们的工作是为了科学。镭不应该成为任何人的私有财产。镭是一种元素，应该属于全人类。"

她为科学进步和缓解人类痛苦做出了贡献，然而在生命的黄金时期，她却缺少能够让她进一步发挥才华的工具。

"如果你可以拥有世界上任何东西，"我冲动地问，"你会选择什么？"这可能是一个愚蠢的问题，但恰恰也是一个决定性的问题。

"你应该拥有世界上你需要的一切，以便继续你的工作，"我说，"总得有人来做这件事。"

"谁呢？"她带着一丝绝望问道。"美国的妇女们。"我承诺，然后起身告辞。

那一周，我得知1克镭的市场价是10万美元。我还了解到，尽管居里夫人的实验室几乎是全新的，但是设备并不齐全。那里的镭当时仅用于提炼气体，供医院治疗癌症时使用。

随后，我参观了她的研究所，以及她位于圣路易斯岛的温馨小家。她和她的两个女儿就住在一间小公寓里。这是一个欢乐和忙碌的家庭。居里夫人对生活没有怨言，只是遗憾缺少设备，这已阻碍了居里夫人和她的女儿伊雷娜本应进行的重要研究工作。

几周后，我抵达纽约，希望能找到10位女士，每人能出资1万美元，共同购买1克镭，通过这种方式让居里夫人能够继续她的工作，而不必进行大规模的公开募捐活动。

希望很快就落空了。我没有找到10位女士愿意出资购买那1克镭，但是有成千上万的女性和一群男性愿意提供帮助，他们决心要筹集到这笔钱。

第一个强有力的支持来自穆狄夫人，她是美国著名诗人和剧作家威廉·穆狄的遗孀。

当我们意识到需要发起一场全国的募捐活动时，米德夫人，一位医生的女儿，也是癌症预防工作的坚定支持者，担任了这项活动的秘书；布拉迪夫人担任执行成员。在这些女性背后有一群深知镭对人类具有重大意义的科学家，如罗伯特·阿比博士，他是第一位使用镭的美国外科医生，还有一位是弗朗西斯·卡特·伍德博士。

不到一年的时间，我们就筹集到了所需要的资金。

斯特凡·洛赞又向我描述了居里夫人生活中另一个令人难忘的时刻。那是我与她会面近一年后，距离在巴黎大学居里夫人就职教授仪式上的那个感人的场景已经过去15年了。

这些年来，居里夫人都在实验室里度过，没有在公众面前露面。1921年3月，斯特凡·洛赞接到居里夫人打来的电话。

"我拿起了话筒，"他回忆道，"听到电话那头说：'居里夫人想和你说话。'这是非同寻常的事，难道有什么不幸的事情发生吗？突然间，电话那头传来了我仅听过一次却铭记在心的声音——那个曾经说出'当我们回顾自19世纪初以来放射性理论所取得的进展时……'的声音。

"电话里居里夫人说：'我想告诉你，我要去美国了。'她说，'前往美国的决定让我内心纠结不已。美国太遥远了，而且地域辽阔，这对于我来说，充满了未知与挑战。若非有人主动邀请我，或许我会因恐惧而放弃这次机会。尽管我十分害怕此次旅行，但是内心深处涌动着难以抑制的喜悦。我将自己的一生都奉献给放射性科学，深知美国在科学领域给予我们诸多的帮助，我有责任去表达感谢并分享我的研究成果。我听说你也是支持我这次远行的人之一，所以我想告诉你，我已下定决心前往，但请你暂时为我保守这个秘密。'

"这位非凡的女性——法国最伟大的女性，说话时显得有些结巴，声音颤抖着，宛如一位羞涩的小女孩。她每天同比闪电还要危险的镭打交道，在科学前沿勇敢地探索，但必须在公众面前露面时，却流露出一种近乎孩童般的胆怯与羞涩。"

不久之后，居里夫人和我一同踏上了前往美国的旅程，在那里，她将接受镭和其他实验材料。在旅途中，我问她，在最初我承诺援助她的那天，她是否真的相信美国女性会团结起来帮助她。"不相信，"她坦率地承认，"但我知道你很真诚。"

在居里夫人结婚的时候，她的一位亲戚曾赠予她一笔嫁妆。这笔嫁妆虽然数目不多，但是对于当时在巴黎求学的穷学生来说，却有着极为重要的意义。要了解她如何使用这笔嫁妆，我们必须提到她年轻时那迷人的美貌和独特的魅力。她并非不欣赏美，也绝非对自己的外表毫无察觉。她和所有年轻女孩一样，天生喜欢漂亮的衣服，也曾想过购买婚纱和饰品。然而，她以她特有的理性，仔细权衡了自己的需求和未来的计划。

她穿着从波兰带来的朴素婚纱，步入了婚姻的殿堂，而她的嫁妆则用来购置了两辆自行车。这样，她和皮埃尔·居里就能一同骑行，享受法国乡村的旖旎风光。他们的蜜月就这样在简单而美好的时光中度过了。

居里夫人一直怀揣着一个未曾实现的梦想，那便是拥有一个属于自己的宁静小家，那里有花园、树篱及盛开的鲜花和鸣叫的小鸟。在她访问美国期间，每当火车穿过小镇，她总会透过车窗望向外面，如果看到一座带有花园的简朴小屋，她便会轻声地说："我一直梦想着拥有这样一个小家。"

对于皮埃尔·居里和玛丽·居里而言，拥有一处房产从来不是生活的重心。他们只是简单地在居住之地安家，因为那些本可以用来购买梦想小屋的资金，总是被他们毫不犹豫地投入实验室中。有一天，她满怀感慨地对我说，她一生中的遗憾之一，就是直到皮埃尔·居里去世，他们都没能拥有一间永久的实验室。

居里夫人曾因不愿与孩子们分离而多次拒绝了前往美国的机会。然而，她最终被说服了，决定面对漫长的旅程和随之而来的可怕的公众。我认为，一部分原因是她想向那些支持她科学研究的人表达感谢之情，但更重要的是，这次旅行为她的女儿们提供了一个绝佳的旅行机会。

居里夫人并不像人们常描述的科学家那般冷漠。在战争年代，她亲自驾驶X射线诊断车，穿梭于各家医院之间。即使在这样的奔波忙碌中，她依然自己清洗、晾晒和熨烫衣物。记得她来美国旅行期间，我们一行5人借宿在一处旅馆，那里还有其他几位房客。我走进居里夫人的房间时，意外地看到她正清洗着自己的贴身衣物。

"这没什么，"当我表示反对时，她说道，"我完全知道该怎么做，而且这家旅馆有这么多房客，服务员已经够忙的了。"

在白宫接待会的前夜，我把第二天哈丁总统将要交到居里夫人手上的镭的所有权文件预先请她过目。这是一份制作精美的证书，由库德特兄弟事务所准备，证书中提到将美国女性赠送的1克镭的所有权转交给居里夫人。

她认真阅读了证书，思考片刻后说："这份礼物既精美又贵重，我们不能就这样接受。这克镭不仅价值不菲，而且还承载着这个国家女性的深情厚谊。它不属于我个人，而属于科学。我身体不好，随时可能离开人世。我的女儿伊芙尚未成年，如果我不幸去世，这克镭就会成为我的遗产，被我的女儿们分割。这并非我们所愿。这克镭必须永远为科学服务。你能请律师起草一份文件，明确这一点吗？"

我回答说可以，并会在几天内完成。"不，必须今晚就办好，"她坚定地说，"明天我就要接受镭了，我可能明天就会去世。这件事情太紧急了。"

于是，在那个闷热的5月的夜晚，尽管夜已深，但是我们还是克服了一些困难，找到了一位律师，根据居里夫人自己写的草稿准备了文件。她在前往华盛顿之前签署了这份文件。

这份文件内容如下：

如果我去世了，我将把由美国妇女玛丽·居里镭基金执行委员会赠予我的1克镭，赠给巴黎镭研究所，专门用于居里实验室。

1921年5月19日

她的这一举动，跟她作为镭的发现者一生的科学行为完全一致，也与她一年前的回答如出一辙："镭不是为了让某个人发财的。它是一种元素，它属于全人类。"在居里夫人访问美国期间，我曾多次请求她记录她的人生旅程。我反复强调这件事的历史价值，以及对那些立志投身科学的学生的影响有多么重要。

最终，她同意了。"但这本书不会太厚，"她说，"只是一个平淡无奇、简单至极的小故事。我出生在华沙的一个教师家庭。我嫁给皮埃尔·居里，生了两个孩子。我在法国完成了我的研究。"

这段简洁的陈述蕴含着多么深刻的意义。随着时间的流逝，大多数人都会被遗忘，即便是世界大战这样重要的事件，最终也可能在历史书中仅占据几页篇幅。在历史的长河中，政权的兴衰更替如同潮起潮落，但居里夫人的工作将被世人永远铭记。

关于她和她丈夫的工作，自1898年那个春天的早晨以来，已经有很多人写下了无数的篇章，其数量之多，甚至可以与图书馆的藏书量匹敌。当时，她在巴黎郊外的一间小屋里守了一整夜，带着镭这个伟大的礼物出现在世人面前。科学家们将继续为这种奇妙元素添砖加瓦，但关于居里夫人这位伟大的女性，世人恐怕只能从她这本小书中读到她简短的自传了。

"在科学的世界里，我们应该关注的是事物本身，而不是人。"这就是居里夫人的信念，也是她的价值观。

目 录

1

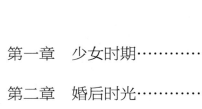

居里夫人自传

附录

皮埃尔·居里传

我们完全可以设想，镭元素若落入罪犯之手，恐将贻害无穷。由此引发深刻诘问：人类是否应当穷究自然奥秘？我们是否已具备足够智慧善用此等知识？抑或此类认知是否终将反噬其身？试观诺贝尔之发明——强大的炸药本可为人类创造非凡功业，然其终成滔天罪恶之利器，在那些将国家拖入战火的元凶巨恶手中化为毁灭性力量。我与诺贝尔秉持共同信念：较之祸患，人类在未来发现中所获裨益必定更为丰硕。

——皮埃尔·居里于 1903 年在诺贝尔奖颁奖仪式上的致辞

　　我怀着犹豫的心情提笔为皮埃尔·居里撰写传记。原本这项工作应当托付给他的某位亲友——最好是看着他长大、熟知他婚前婚后每一段时光的人。雅克·居里，这位与皮埃尔·居里手足情深、相伴成长的兄长，本是最佳人选。但自从他赴任蒙彼利埃大学教授后，兄弟俩便天各一方。他坚持让我来执笔，认为再也没有人比我更了解他弟弟的生命轨迹了。雅克·居里向我倾诉了珍藏多年的记忆，这些珍贵的素材已完全写进了这本传记里。在此基础上，我还补充了我丈夫生前亲口讲述的一些往事，以及几位故交提供的细节。对于他的那些不是我直接知道的事情，我已竭力整理到合适的地方。我始终铭记着我们共同生活的岁月，他的人格魅力在我心中留下了深刻印记。

　　诚然，这本传记远非完整无缺，但若能让读者透过字里行间窥见真实的皮埃尔·居里，使他的精神得以永存，我便深感欣慰。对那些曾与他相识的人们，愿这些文字能唤醒你们珍藏在心底的、热爱他的千万个理由。

玛丽·居里1923年于巴黎

第一章
居里家庭

皮埃尔·居里的父母都受到良好教育，聪明睿智，属于小资产阶级中经济条件较为有限的阶层。他们并不经常参加时尚的社交活动，而仅仅与自己的亲戚和几位亲密朋友交往。

皮埃尔·居里的父亲欧仁·居里，1827年出生于法国米卢斯。他是一位医生，也是医生之子。他对自己家族的亲戚知之甚少，对自己家族的历史也了解不多。他只知道信奉新教的居里家族起源于法国的阿尔萨斯。尽管欧仁·居里的父亲在伦敦定居，但他却在巴黎长大，在那里学习自然科学和医学，并在巴黎博物馆的实验室里做格拉蒂奥莱特的助手。

欧仁·居里非凡的个性给所有人留下了深刻的印象。他身材高大，年轻时应该有一头金色的头发和一双清澈明亮的蓝眼睛，即使进入垂暮之年依然引人注目。这双眼睛保持一种天真的神情，透出一种睿智。他对自然科学有着浓厚的兴趣，极具学者气质。

欧仁·居里曾渴望将一生奉献给科学研究，但婚后随着两个儿子的出生，家庭责任迫使他放弃了这个梦想，转而投身医学事业。尽管如此，他仍利用有限的经济条件进行实验研究，特别是在当时结核病细菌性质尚未明确的情况下，他开展了结核病接种研究。他对科学的热爱让他养成了远足寻找实验所用的动植物的习惯。这种习惯使他更加热爱大自然，对乡村生活十分喜爱。直至生命尽头，他始终热爱科学，只是遗憾未能全身心投入其中。

欧仁·居里的行医生涯虽然平凡，但是却展现了他无私奉献的精神。1848年法国革命爆发时，他还是一名学生，因在救治伤员中表现出色，被政府授予一枚勋章。同年2月24日，他不幸中弹，子弹打伤了他的下颚。后来，霍乱流行，他毅然前往巴黎的一个流行区，那里的医生全都跑了，唯独他留下来照顾病人。在巴黎公社期间，他将自己的家改为医院，尽管那里靠近街垒，但是他依然坚持在那里照顾伤员。他的这种为人民服务的责任心，加上他的进步思想，让他失去了一部分资产阶级病人的光顾。那时，他担任保护儿童组织的医学检查员。由于工作需要，他搬到了巴黎郊区，那里的环境对他和他的家人的身体健康更有利。

欧仁·居里具有非常明确的政治信仰。他是一位理想主义者，坚决拥护1848年革命家们所倡导的共和主义学说，并与亨利·布里松及其团队成员结下了深厚的友谊。和他们一样，欧仁·居里是一位自由思想者和反教权主义者。他既没有让他的儿子接受基督教的洗礼，也没有让他们参加任何形式的宗教活动。

皮埃尔·居里的母亲克莱尔·德波伊利，是巴黎附近普托的一位著名制造商的女儿。她的父亲和兄弟因在染料制造与特殊织物的生产方面有众多发明而颇有名气。她的祖籍在法国萨瓦，但因1848年法国革命对企业造成重创而导致家庭破产。命运的不济，加上欧仁·居里职业生涯的挫折，让他们全家一直生活在拮据中，而且新的困难还不断出现。皮埃尔·居里的母亲虽然在安逸的环境中成长，但她却能平静地接受困难。她勤俭持家，倾尽全力让家人生活得更轻松。

尽管雅克·居里和皮埃尔·居里两兄弟的家庭并不富裕，生活也不乏忧虑，但家里总是充满了爱的气息。皮埃尔·居里第一次向我提起他的父母时，曾说他们是"非常优雅的人"。他们的确如此。皮埃尔·居里的父亲性格有些固执，但头脑总是保持清醒，充满活力。他非常无私，从不利用个人关系来改善自己的处境。他对待家人温柔、体贴，也很乐于帮助他人。皮埃尔·居里的母亲身材纤瘦，性格活泼，虽然生育后身体不太好，但是总能保持乐观的心态，把家里收拾得干干净净，营造出一种温馨、舒适的家庭氛围。

我第一次见到皮埃尔·居里的父母时，他们就住在赛佐的沙布隆街（现皮埃尔·居里街）的一间老旧小屋里。这间小屋半掩在美丽的花园中。他们的生活宁静而祥和。欧仁·居里随时被请去出诊，有时到赛佐，有时到赛佐附近的地方。工作之余，他喜欢打理花园，或沉浸在阅读中。每到周日，亲朋好友来访，打保龄球和下国际象棋是他们最喜欢的娱乐活动。亨利·布里松偶尔也会到这里看望老朋友。整个家庭和花园都沉浸在一片宁静、祥和的氛围中。

1859年5月15日，皮埃尔·居里出生在居维叶街上正对着植物公园的一间房子里。当时，他们全家都住在那里，他的父亲欧仁·居里在巴黎博物馆的实验室工作。皮埃尔·居里是欧仁·居里的次子，比他的哥哥雅克·居里小三岁半。在后半生中，他对在巴黎度过的童年时光并没有太多深刻的印象。然而，他向我描述过，巴黎公社时期的日子在他的脑海中记忆犹新，如他家附近街垒上的战斗，父亲开设的临时医院，以及他和哥哥一起去寻找伤员的冒险经历。

1883年，皮埃尔·居里随父母从繁华的巴黎市区搬到了宁静的郊区。1883—1892年，他们先是居住在丰特奈玫瑰园，后来从1892—1895年，也就是到皮埃尔·居里和我结婚的那一年，便住在赛佐。

皮埃尔·居里的童年完全是在家里度过的。他从未踏入过中小学的校门，他的启蒙教育由他的母亲亲自指导，随后由他的父亲和未曾完整接受过中学教育的哥哥继续指导。他喜欢幻想，不愿受学校传统教育模式的束缚。他在学习学校课程时所遇到的困难，常常被误以为是反应迟钝。他自己也这么认为，并经常这么自我评价。然而，我却不完全认同这种看法。在我看来，从年少时期开始，他就需要将思维高度集中于某个特定的目标，以获得精确的结果，而他不可能为了适应外部环境而中断或改变他的思维过程。显然，他这种思维类型的人将拥有巨大的潜力。然而，公立学校并没有为这种思维类型的人提供特别有效的教育方式，尽管这样的人才比我们最初想象的要多得多。

正如我们所见，对于皮埃尔·居里来说，他不能成为学校里的杰出学生倒是值得庆幸的，他的父母拥有足够敏锐的智慧能够看到他的困难所在，并且没有要求儿子做出对他的身心发展有害的行为。因此，尽管皮埃尔·居里早期没有受到正规、完整的教育，但是这未曾抑制他的智力发展，避免了沉重的教条、偏见或先入为主的观点对他心智造成的影响。他始终对父母的宽容和开明心怀感激。他能够在自由的环境中成长，常在乡间的探险中带回一些动植物供他父亲做实验使用，培养了对自然科学的兴趣。无论是独自一人去探险，还是与家人一同去探险，都激发了他对大自然的热爱，这份热爱伴随他直至生命的尽头。

与大自然的亲密接触，对皮埃尔·居里的成长产生了决定性的影响。生活在城市的人工环境和接受传统教育的孩子，很少能够真正地了解大自然。在父亲的指导下，他学会了观察事物并做出正确的判断。他非常熟悉巴黎周围的动植物，知道不同季节可以在森林和田野、小溪和池塘里找到什么动植物。池塘对他有着无穷的吸引力，那里特有的植被和青蛙、蝾螈、蜻蜓等水陆生物总是让他着迷。为了获取他感兴趣的东西，他从不吝惜各种努力。他会毫不犹豫地把动物抓在手里，以便更仔细地观察它们。在我们结婚后的一次散步中，我反对他把一只青蛙放在我手上，他说道："不要害怕，看看它多漂亮！"他总是喜欢在散步时采摘一些野花带回来。

因此，他的自然历史知识得到迅速增长。与此同时，他也掌握了数学的基础知识。相反，他在古典文学方面的学习被忽略了，他主要通过广泛的阅读来获取文学和历史知识。幸好他的父亲文化素养深厚，收藏了众多珍贵的法文及外文书籍。父亲对阅读有浓厚的兴趣，这种兴趣也成功地影响了他的儿子。

大约在14岁那年，皮埃尔·居里的求学之路迎来了一个令人欣喜的转折点。他有幸成为杰出教授A.巴齐尔的学生。A.巴齐尔教授不仅教他基础数学，还引导他深入高等数学的殿堂。A.巴齐尔教授独具慧眼，对这位年轻学生青睐有加，倾注了极大的心血指导他的学业。他甚至还帮助皮埃尔·居里提高相对薄弱的拉丁文水平。在这段时间里，皮埃尔·居里还与A.巴齐尔的儿子阿贝尔结下了深厚的友谊。

我相信，A.巴齐尔教授的教学对皮埃尔·居里的心智产生了深远的影响，帮助他发掘自己的潜能，让他意识到自己在科学领域的优势。皮埃尔·居里在数学方面有着非凡的天赋，主要表现在他独到的几何思维和出色的空间想象力上。因此，在A.巴齐尔教授的悉心指导下，他的学业突飞猛进，学习过程充满了乐趣。皮埃尔·居里对A.巴齐尔教授始终怀有深深的敬意和感激之情。

皮埃尔·居里曾向我透露过一件事，这件事足以证明他在成年后仍然不满足遵循既定的学习计划，而那时他已经开始独立探索。当时，他对刚刚学会的行列式理论产生了浓厚的兴趣，于是着手尝试在三维空间中实现一个类似的构想，并努力研究这些立方体行列式的特性与应用。尽管这样的尝试对于他的年龄以及所掌握的知识而言，显得有些力不从心，但是勇于尝试已经足以表明他的创新意识。

几年后，当他沉浸在有关对称性的思考时，不禁自问："难道不能找到一个通用方法来解决任何方程吗？一切似乎都与对称性有关。"那时，他还不知道伽罗瓦群理论已经为攻克这一难题提供了可能性。后来，随着时间的推移，他意外地了解到对称性在几何领域的应用，尤其是在解决五次方程问题上的成果，他感到非常高兴。

得益于在数学和物理领域取得的飞速进步，皮埃尔·居里在16岁那年荣获理科学士学位。至此，他成功跨越了正规教育中最艰难的阶段。从那以后，他面临的唯一任务便是依靠自己坚持不懈的努力，在自由选择的科学领域中不断探索和积累知识。

第二章
青春梦想

　　皮埃尔·居里很年轻时就开始接受高等教育，为获得物理学学位做准备。他在巴黎大学听讲座并参与实验室工作。此外，他还获得了药物学院勒鲁教授实验室的使用权，用于准备物理学课程。与此同时，他与哥哥雅克·居里一起做实验，进一步熟悉了不少实验方法。当时，雅克·居里在里希和荣福罗伊斯的指导下准备化学课程。

　　皮埃尔·居里在18岁时获得了物理科学的资格证书。在学习的过程中，他获得了巴黎大学实验室主任德桑和副主任穆通的关注与赏识。得益于他们的认可，皮埃尔·居里在19岁时便成为德桑的助手，并负责辅导学生们做物理实验。他在这个职位上工作了5年，正是在这段时间里，他开始了他的实验研究。

　　遗憾的是，由于经济拮据，皮埃尔·居里在19岁就不得不担任助手的职位，他无法再花两三年的时间全身心投入大学学习中。时间与精力被职业责任和研究工作所占据，他不得不放弃继续听高等数学的讲座，也没有再参加任何考试。但这一职位给他带来了一定的好处：根据当时国家给予公立学校年轻男教师的特权，皮埃尔·居里可以免除兵役。

此时的皮埃尔·居里已经长成了一个身材高大修长的年轻人，有着栗色头发，显得腼腆和拘谨。他那年轻的面孔似乎隐藏着深邃的内心世界。在居里家族的一张合影照片中就可以看到他的这种神情：他的头靠在手上，摆出一副正在沉思的姿势。我们不禁被他那双清澈的大眼睛所吸引，仿佛在追随某种内在的愿景。与他形成鲜明对比的是站在他旁边的哥哥，棕色的头发，炯炯有神的眼睛，坚定的神色，让人一眼就能感受到他与皮埃尔·居里截然不同的性格。

皮埃尔·居里一家人合影

两兄弟彼此爱护，如同挚友般生活在一起，习惯在实验室并肩工作，在闲暇时光里携手漫步。他们与童年时期的几位玩伴保持着紧密的联系，如路易斯·德普伊利，他们的表亲，后来当了医生；路易斯·沃蒂埃，后来也当了医生；还有阿贝尔·巴齐勒，当了邮政电报服务的工程师。

皮埃尔·居里曾向我生动地讲述他在塞纳河畔德拉维尔度假的经历。他和哥哥雅克·居里一起在河边散步，不时也会停下来一起跳入河中游泳。兄弟俩的游泳技术还不错。有时他们会整天徒步旅行。他们在很小的时候，就养成了徒步游览巴黎郊区的习惯。皮埃尔·居里有时也会独自出游，这非常适合他独立思考的性格。在独自出游时，他会完全忘记时间，走到体力透支。他沉浸在对周围事物的愉快沉思中，完全没有意识到物质上的困难。

在皮埃尔·居里1879年写下的几页日记①中，他这样表达乡村对他的影响：

啊，我在那个远离巴黎千百件烦心事的优雅孤独中度过了多么美好的时光！是的，我不后悔夜晚露宿在树林里，也不后悔白天孤独的日子。如果有时间，我会写下在那里感受到的一切。我愿描述那片香气四溢的山谷，那里的空气弥漫着植物的芳香。翠绿的树叶丛湿润清新，悬挂在比埃夫河上方，为河流增添了一抹生机。那里有童话般的宫殿，爬藤植物环绕在宫殿的廊柱上，还有覆盖着红色石楠花的山石丘，一切都是那么怡人。啊，我将永远怀着感激之情铭记米尼埃森林。在我见过的所有森林中，它是我最钟爱的，也是给我带来最多快乐的地方。在黄昏时分，我常常沿着那条熟悉的小路走进那座山谷。当我归来时，脑海中总会产生许多新的想法。

---

① 皮埃尔·居里并没有留下一本真正的日记，只是偶尔记录下几页，这些记录只覆盖了他生命中的一小段时间。

因此，对于皮埃尔·居里来说，他在乡村所体验到的幸福感源于那份宁静的沉思。巴黎的日常生活充满纷扰，难以让他保持专注，这常常让他感到焦虑和痛苦。他深感自己注定要投身于科学研究，对他来说，理解自然界的现象并构建一个令人满意的能说明这种现象的理论，是一种不可抗拒的需要。然而，当他试图集中精力解决某个问题时，那些琐碎且无意义的干扰常常让他分心，使他感到沮丧。

在他的日记中有一篇文章的标题是《如同许多平凡的日子》，细数了那些琐碎至极的小事。这些小事竟填满了他的一整天，让他无暇从事有意义的工作。随后，他感慨道："这就是我的一天，而我一事无成。为何会这样？"后来，他借用了维克多·雨果《国王寻乐》中的一句话"用琐碎的喧嚣使灵魂失聪"作为标题，再次回到日记的主题：

为了让我这脆弱之人不随波逐流，不受任何微风的摆布，我需要周围的一切都静止不动，或者像旋转的陀螺一样，只有持续的运动，才能让我对外界的一切无动于衷。

当我在缓慢旋转中试图积蓄力量时，一点琐事、一句话、一个故事、一张纸、一次访问就能让我停下脚步，甚至可能永远推迟那个时刻——那个我本可以无视周围环境，专注于自己目标的时刻。我们必须吃饭、喝水、睡觉、闲逛，必须爱护生活中最美好的事物，却又不能沉溺其中。在这一切活动中，我们所追求的高尚思想必须占据主导地位，并且引导我们贫乏的头脑继续坚定不移地前行。我们必须将生活编织成一个梦想，再将这个梦想变为现实。

这段深刻的分析，对于一个20岁的年轻人来说已经足够令人惊讶。它以一种令人钦佩的方式表达了思想的最高境界，同时传递了一种真正的教诲。如果能够充分理解这种教诲，它就会为爱幻想的人开辟新道路，使其能够为人类开创新的天地。

皮埃尔·居里努力追求的思想统一不仅被他的职业和社会生活所干扰，还被他广泛的兴趣所影响。这些兴趣促使他广泛涉猎文学艺术。像他的父亲一样，他热爱阅读，并且不畏艰难地去应对文学挑战。面对一些批评，他轻松地回应："我不讨厌枯燥的书籍。"这意味着他被追求真理的过程所吸引，即使这个过程有时伴随着乏味的书写。他也热爱绘画和音乐，乐于观赏画作或参加音乐会。在他的遗稿中，还留有几首他亲笔写的诗篇。

但在他心中，这些兴趣都位于其次，远不及他视为真正使命的事物。当他的科学想象力没有完全活跃时，他感到自己在某种程度上是不完整的。在短暂的消沉时期，他常常表达出一种不安的情绪。

"我将成为什么？"他写道，"我很少能够完全掌控自己。通常，我的一部分灵魂在沉睡。我可怜的灵魂，你真的如此脆弱，无法控制我的身体吗？啊，我的思想，你们真的微不足道！我本应对我的想象力充满信心，相信它能将我拉出泥潭，但我非常担心我的想象力已经枯竭。"

尽管有犹豫、怀疑和迷失的时刻，这位年轻人仍在逐步开拓自己的道路，坚定自己的信念。在许多未来将成为学者的人还只是学生时，他已经坚定地投身于富有成效的调查研究中。

他的首个研究项目是与德桑合作的，项目涉及如何利用热电元件和金属线栅来测量热辐射的波长。这种全新的方法在当时是首创的，此后在相关领域的研究中被广泛采用。

接着，他与哥哥雅克·居里合作，共同对晶体进行深入研究。此时，雅克·居里已经获得了学士学位，并在巴黎大学矿物学实验室做弗里德尔的助手。这次合作让这两位年轻的物理学家取得了重大突破：他们发现了一种前所未知的现象——压电效应，即晶体在对称轴方向受到压缩或扩张时产生电极化的现象。

这项发现绝非偶然。居里兄弟对晶体物质的对称性进行了深刻思考，并预见了这种电极化现象的可能性。此项研究的第一部分工作是在弗里德尔的实验室完成的。他们尽管年纪很轻，但展现出了非凡的实验技巧，成功地对这种新现象进行了全面研究，确定了晶体产生电极化所需的对称条件，并阐明了极其简单的定量规律，以及某些晶体电极化的绝对大小。此后，国际上的多位知名科学家如伦琴、昆特、沃伊特、里克，沿着雅克·居里和皮埃尔·居里开辟的新路径进行了更深入的探索。

此项研究的第二部分工作难度更大，涉及在电场作用下压电晶体产生的压缩现象。这种现象由李普曼预见，最终由居里兄弟通过实验证实了。实验的难点在于需要观察到极其微小的形变。幸运的是，德桑和穆通为兄弟俩提供了物理实验室旁边的一个小房间，使他们成功地完成了这些精细的实验操作。

通过理论研究和实验操作，他们立即推导出了一种实际应用，即一种新型装置——压电石英静电计，它能够以绝对单位测量微小的电量以及低强度的电流。这种新型装置在后来的放射性实验中发挥了巨大的作用。

在对压电效应的探索中，居里兄弟不得不借助静电计。由于当时现有的象限静电计无法使用，他们便自行设计了一种新型静电计，以便更好地满足他们的实验需求。后来这种新型静电计在法国被命名为居里静电计。兄弟俩多年来的紧密合作不仅充满了欢乐，而且成果丰硕。他们都热爱科学，都决定献身科学。他们彼此鼓励，相互支持。在实验过程中，雅克·居里的活力和热情成了皮埃尔·居里的有益补充，而皮埃尔·居里更容易沉浸在自己的思考中。

然而，这段美好而紧密的合作只持续了几年。1883年，雅克·居里和皮埃尔·居里不得不分开，雅克·居里前往蒙彼利埃大学，担任矿物学首席讲师；皮埃尔·居里则留在巴黎，被任命为新成立的物理和化学学校的实验室主任。这所学校是在弗里德尔和舒岑贝格的提议下建立的，舒岑贝格成为首任校长。

居里兄弟的研究工作还包括使用超声波探测水下障碍物，这种方法同样可被广泛应用于探索海洋深处。我们再次见证了纯粹的理论研究如何在未来意想不到的领域产生实用价值。1895年，他们对晶体的研究获得了普朗克奖，这个奖项来得太迟了。

第三章
实验室工作

皮埃尔·居里在位于罗林学院旧建筑物中的物理和化学学校工作了22年。他起初担任实验室主任，后来成为教授，这段时间几乎涵盖了他整个科学研究生涯。他的记忆似乎总是萦绕在那些已经被拆除的旧建筑物里。他白天在那里工作，只有在晚上才回到乡下的家中。他觉得自己很幸运，因为他得到了学校的校长也是创始人舒岑贝格的青睐，以及学生们的尊敬，许多学生后来成了他的追随者和朋友。皮埃尔·居里去世前曾在巴黎大学的一次演讲快结束时，提到了这段经历。他说：

我想借此机会回顾我们在巴黎物理和化学学校所进行的研究工作。在所有创造性的科学工作中，工作环境的影响至关重要，部分成果也应归功于这种积极的环境影响。我在物理和化学学校工作了20多年。舒岑贝格，学校的首任校长，是一位杰出的科学家。我永远不会忘记，当我还只是一名助理时，他为我的调查研究提供了机会。后来，他允许我夫人与我并肩工作，这种授权在当时是远非寻常的创新之举。

舒岑贝格给予我们极大的自由，他主要通过他对科学的热爱来激励我们。物理和化学学校的教授们，以及从这里毕业的学生们，共同营造了一种亲切而鼓舞人心的氛围，这对我帮助极大。从这些老校友中，我们找到了合作伙伴和朋友。我很高兴能在这里向他们所有人表示感谢。

这位新上任的实验室主任第一次走上讲台时，年纪只比他的学生大一点点。学生们都很喜欢他，因为他态度随和，更像是他们的朋友，而不是高高在上的老师。有些学生回想起和他一起做实验、在黑板前讨论问题的时光，都非常激动。他总是乐于和学生探讨科学问题，以这种方式让学生获得更多知识，点燃他们的热情。

在1903年由学校校友会举办的一次晚宴上，他出席了，并笑着回忆起那段日子里的一件趣事：有一天，他和几个学生在实验室里待到很晚，结果发现门被锁了。没办法，他们只好从二楼的窗口一个接一个地沿着窗户旁边的一根管道爬下来。

皮埃尔·居里的性格有些内向，不太容易与人熟识，但是那些和他一起工作的人都很喜欢他，觉得他为人友善。他对待下属也是如此。在学校里，他的实验室助手特别感激他，因为在某些困难的时刻，皮埃尔·居里曾向他伸出援手。那位助手对他的敬爱，可以说是到了崇拜的地步。

虽然皮埃尔·居里和雅克·居里分开了，但是他们的感情依然深厚，彼此信任。放假时，雅克·居里会去看望皮埃尔·居里，两人甚至会放弃假期，再次合作干一件事情。雅克·居里正在制作奥弗涅地区地质图的那段时间，皮埃尔·居里经常抽空去帮助他。他们一起到野外实地勘测，获取绘制地图所需的资料。

以下是一些他们长途旅行的记忆，摘自婚前不久皮埃尔·居里写给我的一封信：

我非常高兴能和哥哥一起度过了一段美好的时光。我们远离了一切琐事，过着与世隔绝的生活，以至于连一封信都收不到，甚至不知道会在何处过夜。有时我觉得，我们仿佛回到了过去一起度过的那些日子。令人惊讶的是，尽管我们在性格上完全不同，但总是对所有事情达成一致意见，我们有时不说话，也知道彼此的想法。

从科学研究的角度来看，必须承认，皮埃尔·居里接任物理和化学学校的职位，实际上从一开始就影响了他的实验研究。那时，学校几乎一无所有，连隔断墙和隔离板都尚未搭建完毕，一切都需要从头开始。因此，他不得不一边建设实验室，一边组织学生做实验。他以认真、细致和富有独创性的办事风格完成了这项任务。管理实验室工作，尤其是带领大量学生（每届约30名学生）做实验，本身就给这位年轻人带来了不小的压力。而他当时仅有一名实验室助手，于是最初的几年特别艰苦。这段时间，年轻的实验室主任辛勤的工作，为这些学生的培养和成长做出了巨大贡献。

他自己也从被迫中断的实验研究中获益，借此机会完成了自己的科学研究，特别是在数学方面的研究。与此同时，他开始专注于理论性思考，认真研究结晶学与物理学之间的关系。1884年，他发表了一篇关于晶体结构的有序性和重复性问题的论文，这是研究晶体对称性的关键。同一年，他继续研究同一个课题，并于次年发表了一篇关于晶体的对称性和重复性的论文。同年，他还发表了一篇非常重要的理论文章，研究了晶体的形成过程以及不同晶面上的毛细作用常数。[①]

这一系列研究成果说明了皮埃尔·居里对晶体的物理性质研究投入了较大心血。他在这一领域的理论和实验研究围绕着一个非常广泛

---

① 这篇极为简短的文章首次提出了一种理论，解释了为什么晶体会在特定方向同时发展某些晶面，以及为什么晶体具有特定的形态。

的原理展开，即对称性原理。这是他一步步得出的结论，他在1893—1895年发表的论文中明确地阐述了对称性原理。

以下是他阐述对称性原理的经典表述：

当某些原因引发某些效应时，原因中的对称性元素应当在所产生的效应中得以体现。

当某些效应表现出某种不对称性时，这种不对称性应当在引发这些效应的原因中有所作用。

这两个命题的逆命题并不成立，至少在实际情况中如此。也就是说，产生的效应可能比原因具有更高的对称性。

这段话简单明了，它揭示了一个至关重要的科学真理：对称性元素的引入，既决定了晶体在特定方向上的形态，也解释了晶体为何具有特定的外形。这一发现与所有物理现象都息息相关，无一例外。

通过对自然界可能存在的对称群体的详尽研究，皮埃尔·居里指出了如何将这种兼具几何性质和物理性质的发现应用于科学预测，以判断某一种现象是否能够在特定条件下重现，或者其重现是否完全不可能。在他的一篇论文的开篇，他以这样的语句强调：

我认为有必要将晶体学家熟悉的对称性概念引入物理学中。

对他来说，他在这一领域的研究工作是非常重要的，尽管后来他转向了其他研究，但是他始终对晶体物理学保持着浓厚的兴趣，并希望继续推动这方面的研究。

皮埃尔·居里热心研究的对称性原理，是少数几个主导物理现象研究的伟大原理之一。这条对称性原理源于实验中的想法，后来逐渐脱离实验本身，最后变成一条越来越普遍、越来越完善的原理。正是通过这种方式，热与功的等效概念得以形成，并与早期动能与势能的等效概念相结合，确立了能量守恒定律，其应用范围极为广泛。同样，作为化学基本原理的质量守恒定律也是从拉瓦锡的实验中发展而来的。最近，一项杰出的综合研究通过结合这两条原理，得出了更高层次的概括性结论。研究证明，一个物体的质量与其内部能量成正比。在研究电磁现象的过程中，李普曼提出了电荷守恒的普遍定律。卡诺原理源于对热机操作的考量，如今也具有重大的意义，可以根据它来预测所有物质系统自发演化的最可能的特征。

对称性原理提供了类似演化的例子。观察自然界并不可能一开始就产生对称性思想，尽管动植物外观中显示规律性排列，但这样的规律性排列并不完整。然而，在矿物结晶的情况下，规律性排列变得更加完善。我们可以认为，自然界为我们提供了对称面和对称轴的概念。如果一个平面将物体分成两部分，每一部分都可以被认为是另一部分在平面中的镜像，那么该物体就具有对称面或反射面。这大致可以体现在人类和许多动物的外形上。如果一个物体在绕一根轴旋转n分之一周后仍保持原有的样子，那么它就具有n次对称轴。例如，一朵规则的鲜花，如果有4个花瓣，它就有4次对称轴。岩盐或明矾这样的晶体就具有许多对称面和不同级次的对称轴。

几何学教会我们如何研究一个有限图形的对称元素，比如一个多面体，并帮助我们找出图形各部分之间的关系，这样我们就能将不同的对称性归类到一起。了解对称性分组对于我们将晶体形态合理地划分到少数几个系统中是非常有用的，因为每个系统都是从一个简单的几何形状演变而来的。例如，规则的八面体和立方体就属于同一系统，因为它们拥有相同的由对称轴和对称面组成的群。

当我们研究晶体物质的物理特性时，必须考虑物质的对称性。一般来说，晶体物质是各向异性的，即它们在不同方向上的性质是不相同的；而像玻璃或水这样的物质则是各向同性的，即它们在各个方向上的性质都是相同的。光学的研究首先揭示了光在晶体中的传播是依赖于晶体的对称元素的。同样的道理也适用于热传导、电传导、磁化、偏振等现象。

皮埃尔·居里在思考这些现象背后的因果关系时，完善和拓展了对称性的概念。他认为对称性是特定现象发生时介质空间的一个特征。要定义该特征，我们不仅要考虑介质的构成，还要考虑它的运动状态以及它所受到的物理作用。想象一下，一个标准的圆柱体在静止状态下，就有一个垂直于其轴线的对称面，而且还有无数个通过其轴线的对称面。如果这个圆柱体绕着轴线旋转，那么最初的那个对称面仍然存在，但其他对称面则不再存在。此外，如果圆柱体内有电流沿轴线方向通过，那么所有的对称面都将消失。

在任何现象中，都可以确定与其存在相对应的对称元素。某些对称元素可以与某些现象共存，但它们并非必要条件。相反，这些对称元素中必然有某些元素不存在。正是系统中存在的现象产生了这种不对称性。当多个现象在同一个系统中叠加时，它们的不对称性就会相互叠加。

正是基于上述分析，皮埃尔·居里宣布了一个普遍的定律，将上述晶体的对称性原理进行推广，使之达到了最大程度的普遍性。通过这种方法，我们得到了一个看似完整的理论整合，接下来的任务就是从中推导出它所蕴含的其他意义。

为此，定义每个现象的特殊对称性并加以分类，以明确主要的对称群，这是十分方便的。质量、电荷、温度具有相同的对称性，该对称性被称为标量，类似于球体的对称性。水流和直线电流的具有箭头的对称性属于矢量对称。直立圆柱体的对称性属于张量对称。晶体物理学中的所有内容都可以用一种形式来表达，即不具体指明特定的现象，而仅考查量之间的几何和分析关系，其中一些量被视为原因，而另一些量则被视为结果。

因此，研究晶体在电场中的电极化性质，就变成了查明晶体和电场两组矢量系统之间的关系，以及写出包含9个系数的一组线性方程。同样的线性方程组也适用于晶体导体中电场与电流之间的关系，或者适用于温度梯度与热电流之间的关系，只是系数的含义需要相应改变。类似地，研究矢量与张量系统之间的一般关系，就可以揭示压电现象的所有特征。而弹性现象的多样性，在本质上取决于两组张量之间的关系，相应的方程组原则上需要包含36个系数。

从上述介绍可以看出，皮埃尔·居里已经清楚地认识到这些对称性概念与所有自然现象有关。顺便提一下，巴斯德也曾提到这些概念与生命现象之间的联系。他说："宇宙是一个不对称的整体。我认为，我们所知的生命现象，可能是宇宙不对称性直接产生的结果，或是间接产生的结果。"

随着皮埃尔·居里在学校的工作逐渐步入正轨，他开始渴望重新回到实验研究的轨道上，但现实情况并不乐观。他连一个像样的实验室都没有，更别提一个完全属于自己的工作空间了。而且，他也没有足够的资金来支持他的实验研究。他在学校工作好几年之后，得益于舒岑贝格的帮助，才获得了一笔数额不大的年度资助来支持他的工作。在那之前，他所需的实验材料都是靠教学实验室有限的公共基金购买，这笔基金由上级领导提供。至于进行研究工作的场所，仍然只能凑合。他会在学生不用教室的时候做一些实验，但更多时候，他是在楼梯与实验室之间的室外走廊上工作的。在那里，他进行了关于磁性的长期研究。

虽然这种不正常的情况对他的研究工作造成了一些阻碍，但是他却觉得也不错，因为他的学生在这里可以更加亲近他，有时还可以参与到他的科学研究中来。

皮埃尔·居里重返实验研究的标志是他对"不用小砝码可直接对精密天平进行读数"项目进行了深入研究（1889—1891年）。这种天平通过显微镜读取附加在天平一端的微米尺，从而省去了使用小砝码的麻烦。当天平停止摆动时，就可以读数。这得益于巧妙设计的气动阻尼器，使得该过程可以非常迅速地完成。这种天平比旧式的天平有了很大的进步，尤其在化学分析实验室中，称重的速度往往是衡量精度的关键。实验室常常要求快速称量，又需要保证极高的精度，而该天平正好满足了这一需求。可以说，居里天平的问世标志着天平制造技术跨入了一个新时期。这项技术并非凭经验摸索而完成的，而是建立在对阻尼运动理论研究的基础上，同时辅以他的一些学生共同绘制的大量曲线图。

大约在1891年，皮埃尔·居里开始研究物质在不同温度（从常温到1400℃）下的磁性。他的这项研究历时3年，最终形成博士论文，并于1895年提交给巴黎大学。在论文中，他用简明的语言描述了他的研究目的及结果：

从磁学性质来看，物质可分为抗磁性物质和顺磁性物质两类。[1]表面上看，这两类物质似乎完全不同。我研究的主要目的是探究在物质的这两种状态之间是否存在过渡状态，并尝试使某些物质在不同温度下逐渐呈现出从一种状态向另一种状态过渡的特性。为了验证这一点，我研究了大量物质在尽可能不同的温度和磁场强度下的性质。然而，我的实验未能证明抗磁性物质与顺磁性物质之间存在任何

---

①抗磁性物质是指在磁场中被微弱磁化且在同一磁场中磁化方向与铁相反的物质。顺磁性物质是指那些与铁一样在磁场中被磁化的物质，可以表现出强磁性（铁磁性）或弱磁性。

联系。实验结果表明顺磁性和抗磁性的产生源于完全不同的原因。然而，铁磁体的强磁性与只有弱磁性的顺磁体的磁性却表现出紧密的关联性。

这项实验研究面临许多困难，因为它要求在温度高达400℃的容器内测量极其微小的力（数量级约为1/100毫克重）。皮埃尔·居里深知，他所取得的实验结果在理论上具有根本性的意义。居里定律表明，具有弱磁化性质的磁化系数与绝对温度成反比。这个定律极为重要，可与盖·吕萨克关于理想气体密度随温度变化的定律相提并论。

1905年，保罗·郎之万在其著名的磁学理论中，借助居里定律，进一步从理论上阐明了抗磁性和顺磁性起源的差异。此外，魏斯的重要研究也验证了皮埃尔·居里所提结论的准确性，并强调了他所发现的一个重要类比：磁性强度与流体密度之间的相似性——顺磁状态类似于气态，而铁磁状态类似于凝聚态。

在研究过程中，皮埃尔·居里花了不少时间寻找那些从理论上看并非不可能存在的未知现象。他试图寻找强抗磁性物质，但未能找到。他还尝试探索是否存在能够像自由状态一样存在的磁性物质，以及是否有物质可以作为磁性的导体。然而，这些努力仍是徒劳的。尽管如此，他从未发表过这些研究成果。皮埃尔·居里始终怀着对未知现象的无尽热爱，义无反顾地投入可能收获寥寥的追寻之中。他热衷的不是发表成果，而是面对未解之谜时的纯粹喜悦。

他进行科学研究完全是出于对科学的热爱，那些早期的研究成果足够他撰写一篇博士论文，可是他一直没有这个计划。他对总结性的工作并不热衷。直到35岁那年，他才决定将自己在磁学领域的研究成果整理成一篇博士论文。

我至今清晰地记得他在博士论文答辩时的情形，当时我们之间已经建立了深厚的友谊，他特意邀请我参加论文答辩。评审委员会由伯恩蒂教授、李普曼教授和奥特菲尔教授等组成。观众席上坐着他的几位朋友，还有他年迈的父亲。看到儿子的成功，父亲感到无比欣慰。我记得答辩时他的陈述简洁清晰，教授们对他充满了敬意。皮埃尔·居里与评审之间的对话，就像是一次物理学会的讨论会，让我深受触动。那一天，那间小小的答辩室似乎碰撞出科学研究的火花。

回顾皮埃尔·居里在1883—1895年的这段经历，我们可以深刻感受到这位年轻物理学家在担任实验室主任期间所取得的巨大成就。在此期间，他成功地建立了全新的教学体系，还发表了一系列重要的理论探索论文，以及一些具有开创性的实验研究成果。此外，他还设计了许多极为精良的新型仪器。所有的这一切，他都是在设施严重匮乏和资源不足的情况下完成的。这些成就表明他早已摆脱少年时期的不自信和彷徨，找到适合自己的工作方法，并充分发挥自己的杰出才能。

他不仅在法国声望日隆，而且在国际上也广受尊敬。在各种学术团体如物理学会、矿物学会、电工学会的会议中，他总是带着自己的研究成果参与讨论，他的发言总是能引起听众的兴趣。在那些早已对他评价很高的外国学者中，首先要提到的是英国著名的物理学家开尔文勋爵。开尔文勋爵曾与他共同探讨科学问题，并且从那时起就对他非常钦佩。在一次巴黎之行中，开尔文勋爵出席了物理学会的一次会议。会上，皮埃尔·居里就带有保护环的标准电容器的构造和使用方法发表了演讲。该装置的关键在于，通过电池对保护环的中心部分进行充电，并将保护环接地。然后，以第二片电容器上的感应电荷作为测量的标准。尽管由此产生的电场线分布较为复杂，但是感应电荷的计算可以通过静电学的一个定理，使用与普通装置在均匀电场中相同的简单公式来完成，还能获得更好的隔离效果。起初，开尔文勋爵认为这种推理不够精确。尽管他已声名显赫且年事已高，但他还是在第二天亲自前往实验室，与年轻的皮埃尔·居里面对面讨论这个问题。在黑板前，他们进行了深入的探讨。最终，开尔文勋爵完全被说服了，并欣然接受了皮埃尔·居里的观点。①

或许你会惊讶，皮埃尔·居里成绩显赫，却依旧在实验室主任这个职位上默默耕耘了十二载。这可能是因为他没有得到有权有势人士的支持，而容易被人忽略。同时，他从未采取任何行动来推动职位晋升。此外，他独立自主的性格也使他不愿去争取晋升的机会，尽管他目前的职位并不高。实际上，他当时的薪水仅与一名临时工相当（每月约300法郎）。这微薄的收入只能维持他最基本的生活，更不用说继续他的研究工作了。对于此事，他曾这样表达自己的感受：

我听闻可能有教授即将离职，我或许可以申请接替他的职位。然而，为了谋求职位而四处奔波，这是多么令人不悦啊！我不习惯这种活动。我认为，没有什么比让自己被这类事情占据心思，并且听人们向你报告那些闲言碎语更不利于精神健康。

他不喜欢为了职位晋升而四处奔波，对追求荣誉就更加不感兴趣了。实际上，他对荣誉勋章持有非常坚定的看法。他认为这些并无实际帮助，并坦率地说这是有害的。他还认为渴望获得荣誉是烦恼的根源，并且会贬低人类最崇高的追求——对工作的纯粹热爱。由于他

---

①以下是著名学者开尔文勋爵在巴黎访问期间写给皮埃尔·居里的一封信：

尊敬的居里先生：

非常感谢您周六的来信，信中的内容对我来说非常有趣。若我明天上午10点到11点之间拜访您的实验室，不知是否有幸与您会面？有几件事情我希望与您当面交流。同时，我也渴望能进一步观摩您的曲线图。

开尔文
1893年10月

具有高尚的道德品质，他毫不犹豫地让自己的思想与行为保持一致。为了表示敬意，舒岑贝格曾想向教育部推荐授予他法国教育部骑士勋章，尽管人们普遍认为这会给他带来好处，但是他拒绝了这一荣誉。他写信给校长：

我得知您打算再次向上级推荐我获得这枚勋章，我恳请您不要这样做。如果您为我争取到这份荣誉，我将不得不拒绝它，因为我已经决定不接受任何形式的勋章。我希望您能够体谅我，避免采取可能让我在许多人眼中显得有点荒唐的行动。如果您的目的是向我表达您的关心，您已经做到了，而且是以一种更加有效、深深触动我的方式——您使我能够无忧无虑地工作。

皮埃尔·居里一直坚持自己的观点，后来同样拒绝了1903年的荣誉军团勋章。尽管他不愿意为自己的晋升四处奔波，但是他的处境最终还是得到了一些改善。1895年，著名物理学家、当时担任法兰西学院教授马斯卡特被皮埃尔·居里的能力以及开尔文勋爵对他的评价所打动，坚持要求舒岑贝格在物理和化学学校设立一个新的物理学教授席位。皮埃尔·居里随后被任命为教授，他的才能得到了充分的认可。然而，学校当时并没有采取任何措施来改善他个人研究的物质条件，正如我们之前所看到的那样，他的物质条件仍然十分差。

第四章
家庭生活

我与皮埃尔·居里的初次邂逅是在1894年的春日。那时，我居住在巴黎，已在巴黎大学潜心求学三载。[①]我已顺利通过物理学的学位考试，正在准备数学科目的考试。与此同时，我亦开始在李普曼教授的研究实验室中工作。我熟识的一位波兰物理学家对皮埃尔·居里很敬重，有一天，他邀请我和皮埃尔·居里去他家中，与他们夫妇一起度过了一个夜晚。

当我进入客厅，看到皮埃尔·居里正伫立在一扇敞开的法式落地窗前。我觉得他很年轻，尽管当时他已是35岁的人了。他坦诚的面容中透露出一种超脱世俗的感觉，令我印象深刻。他说话很慢，从容不迫，而且总是面带微笑，透露出一种既庄重又青春洋溢的气息，令人心生信赖。我们的对话很快变得亲切而自然。起初，我们探讨了一些科学议题，能向他请教，我感到十分欣喜。随后，我们又讨论了一些两人都关心的社会问题和人道主义问题。尽管我们来自不同的国家，

[①]这是我的一些简要生平：我的姓名是玛丽·斯科洛多夫斯卡。我的父母均出生于信奉天主教的波兰家庭，他们都是华沙（当时受俄国统治）的中学教师。我出生于华沙，并在那里完成了我的中学教育。中学毕业后，我曾担任家庭教师数年。随后，1892年，我来到了巴黎学习科学。

但我们的看法却有着惊人的相似之处，这是因为我们都是在非常相似的家庭道德背景下成长的缘故。

从那以后，我们又常在物理学会和实验室相遇。有一次，他询问我是否可以来看望我。那时，我住在学校附近一栋房子的第六层的一个小房间里，由于我的经济来源极其有限，我的居所显得格外简陋。尽管如此，我心中还是充满了喜悦。当时我已25岁，那深藏心底渴望从事科学研究的梦想终于要实现了。

皮埃尔·居里对我的学生生活表达了真挚的同情。从那之后，他便常常向我吐露心声，描绘他的理想是将一生都奉献给科学研究，并诚挚地邀请我与他共同步入那样的生活。然而，对我来说，做出这样的决定并不容易，因为这意味着要离开我的祖国和家人，放弃我十分重要的为祖国服务的计划。我出生于被外国势力压迫的波兰，一直生活在爱国主义的氛围中，我像其他许多同龄人一样，希望为维护我们的民族团结贡献自己的力量。

这件事情就这样被搁置了，直到假期初至，我离开了巴黎，踏上了前往波兰探望父亲的旅程。在我们相隔两地期间，书信成了我们情感交流的桥梁，悄然间加深了我们彼此的感情。

1894年，皮埃尔·居里向我寄来了一封封让我十分感动的信件。这些信件并不长，符合他表达简洁的习惯，但每一封信都充满着真挚的情感，透露出他渴望让心仪的伴侣了解他真实想法的迫切心情。他的表达方式在我看来总是非凡的。没有人能像他那样，仅用寥寥数语便能描绘出一种心境或状况，通过最简单的描述让人想象到真实的情景。正因为他的这份天赋，我深信他可以成为一位伟大的作家。我在前文已经引用过他信件中的一些片段，后续还将继续引用。以下引用的文字可以说明他希望我能成为他的妻子：

我们曾相互承诺（难道不是这样吗？）从今往后至少要互敬互爱，但愿你不会改变心意。没有任何承诺是永恒不变的，这些承诺也无法被强制执行。

尽管如此，若我们能携手共度一生，共同追逐我们的梦想，那将是一件多么美妙的事情：你的理想是报效你的祖国，我们共同的理想是为人类、为科学而奋斗。在这些理想中，我认为为了科学是最合理的。我的意思是，我们无法改变社会秩序，即便有能力改变，我们也不知道该如何行动。仅凭一时的想法就去行动，说不定会造成更多的伤害，阻碍社会不可避免的演变。然而，献身科学，我们有信心能够取得一些具体的成就。这个领域目标明确，虽然范围很小，但却是我们真正能够掌控的领域。

我强烈建议你在10月回到巴黎，如果你今年不回来，我会非常难过，但我请求你回来，并不是出于私心。我这样请求是因为我相信你在这里会工作得更出色，而且你能够在这里完成一些更有价值和更有意义的事情。

从这封信中我们可以看到，皮埃尔·居里对未来只有一个想法：他会将自己的一生都奉献给科学。他渴望有一个能与他共同去实现科学梦想的伴侣。他曾多次向我表达，他之所以36岁还未成婚，是因为他一直不相信能够找到完全符合他的这种要求的伴侣。

当他22岁时，他在日记中写道：

女性比男性更喜欢为生活而生活。当我们被某种神秘之爱驱使，想要进入某种反自然的道路时，当我们将所有精力都投入某件事情而忽略周围的小事时，我们常常与女性去斗争，而在这场斗争中，我们永远不是她们的对手，因为她们以生活和本能的名义试图引导我们回归。

从我所引用的信件中，可以看到皮埃尔·居里对科学有着坚定的信念，他坚信科学的力量能够给人类带来更大的福祉。将巴斯德那句著名的话语所表达的情感引用到他身上似乎颇为恰当："我坚信科学与和平将战胜无知与战争。"

正是这种坚信科学能解决大部分问题的信念，让皮埃尔·居里不太热衷于政治活动。受到家庭教育和个人信念的影响，他倾向于民主和社会主义思想，并不受任何政党教条的支配。然而，他总是像他父亲一样，履行作为选民的义务。无论是在公共生活还是私人生活中，他都反对使用暴力。

他在写给我的信中这样说道：

一个人如果用脑袋去撞石墙，企图将石墙撞倒，你对此有何看法？这样的想法可能源于美好的愿景，但在实际操作时却是荒谬和愚蠢的。我相信，某些问题需要一个综合的解决方案，而当下并不适宜寻找极端的解决办法。如果有人踏上了一条没有结果的道路，可能会带来更大的伤害。我还相信，在今天这个世界上，唯有最强有力的制度或者最发达的经济体系才能够屹立不倒。一个人可能因过度工作而筋疲力尽，过着悲惨的生活，这是一个令人厌恶的现象，但这种现象不会因为厌恶而消失。这种现象最终可能会改变，这是因为人相当于一种机器，从经济利益来看，让一台机器在正常的状态下运行，而不是强迫其在超负荷的状态下运行，这才是对机器最有利的。

他对自我内心世界的洞察和理解，与他分析一个普通问题时的态度一样严谨。他对自己和他人的忠诚，使他对于生活中不得不做出的妥协感到痛苦，尽管他已经尽量减少这些妥协。他在给我的信中写道：

我们都是自我情感的奴隶，是我们所爱之人偏见的奴隶。此外，我们还必须学会谋生，这迫使我们成为社会机器中的一个齿轮。最痛苦的是，我们不得不向我们所在社会的偏见妥协。我们根据自己意志的软弱或强大，必须做出或多或少的妥协。如果一个人不做出足够的妥协，那么他就会被摧毁；如果一个人妥协得太多，那么他就会自轻自贱。我发现自己与10年前所坚持的原则相去甚远。那时，我相信在任何事情上都必须较真，绝不向环境做任何妥协。我还相信，评价一个人，既要看他的优点，也要看他的缺点。

这是一位并不富裕的男士的座右铭，他渴望与偶然遇见的一位同样不富裕的女孩共同生活。

度假回来后，我们的感情与日俱增，我们都意识到再也找不到比对方更好的生活伴侣了。因此，我们决定结婚，并于1895年7月举行了婚礼。按照我们共同的心愿，我们举办了一场非常简单的非宗教婚礼仪式。因为皮埃尔·居里不信仰任何宗教，我自己也是如此。皮埃尔·居里的父母非常热情地接纳了我。我的父亲和两个姐姐也参加了我们的婚礼，他们为我能成为这样家庭中的一员而感到高兴。

我们的新居非常简单，是位于格拉西耶路的一套小公寓，只有三个房间，离物理和化学学校不远。它最吸引人的是在那里可以观赏到一个大花园的美景。房子里摆放着我们家族的物品，非常简单。偶尔，我们也会骑着自行车去旅行。我们的经济条件不允许请保姆，所以我不得不承担起所有的家务，就像我在学生时代习惯的那样。

皮埃尔·居里年薪仅为6000法郎，我们一致认为，至少在初期，他不应该再承担任何额外工作。至于我，正在积极备考，希望通过一场为年轻女性设立的教师资格考试，获得从事教学工作的资格。

新婚中的居里夫妇准备骑着自行车去旅行

　　1896年，我顺利通过了考试。我们安排好生活，以便更好地投入科研工作中，白天我们都在实验室度过，舒岑贝格允许我与皮埃尔·居里一同工作。当时，他正致力于晶体生长的研究，这一课题深深吸引着他。他试图探究晶体的某些面是否因为生长速度的差异或熔解度的不同而优先发展。他迅速获得了一些有意思的结果（未发表），但此时不得不中断这些研究，转而投身于放射性研究。他常常遗憾未能重新研究这一领域。我当时则专注于研究淬火钢的磁化现象。

对于皮埃尔·居里而言，准备课程讲义是一项重大的责任。教学课程是新设立的，没有既定的教学大纲。起初，他把课程内容分为晶体学和电学两部分。后来，他意识到电学理论课程对未来工程师的重要性，便决定全身心投入电学领域，并成功开设了一门课程（约120讲）。该课程成为当时巴黎最全面、资料最新的课程之一，这耗费了他大量的心血，我深知其艰辛。他想尽各种办法，完整地展现各种现象、理论的演变过程以及准确地讲解各种思想。他曾有意出版一部总结这门课程的专著，但遗憾的是，随后几年的诸多事务让他未能实现这一愿望。

我们的生活非常简单，共同的兴趣让我们专注于实验室的实验、讲义的准备以及考试的准备。在长达11年的时间里，我们几乎形影不离，因而没有留下什么书信。假期，我们或在巴黎周边的乡村，或沿着海岸线，或在山区徒步或骑行。然而，我的丈夫对他的研究非常专注，很难在没有研究设备的地方长时间停留。没过几天，他便会说："我觉得我们已经很久没有做事情了。"尽管如此，他还是很喜欢连续几天的郊游，像以前和他的哥哥一起散步一样，充分享受着我们的散步时光。他对美好事物的欣赏从未使他的思想从那些吸引他的科学问题上转移开来。在这些闲暇时光里，我们去过塞文山脉和奥弗涅山脉地区，以及法国的海滨城市和一些大森林。

我们在野外随处可见美丽的景象，这样的户外时光给我们留下了深刻的印象，我们喜欢回忆它们。我们印象最深刻的是在一个阳光明媚的日子里，经过漫长而疲惫的攀登后，我们到达了奥布拉克的一块绿色草地上，呼吸着高原上非常清新的空气，身心十分愉悦。还记得有一次，在一个傍晚，我们在特鲁耶尔峡谷逗留，陶醉在远处一艘顺流而下的小船上传来的流行曲调中，完全忘记了时间，直到黎明时分才回到我们的住处。在返回的途中，我们遇到了一辆马车，拉车的马被我们的自行车吓坏了，我们不得不拐进耕过的田地，在朦胧的月光下，重新找到了高原上的小路。我们经过农家的牛舍时，那些在围栏中过夜的牛，瞪着一双双大大的眼睛冷冷地注视着我们。

春天，贡比涅森林那绿色的树叶、美丽的紫罗兰和银莲花让我们流连忘返。在枫丹白露森林旁，洛因河畔的水仙花盛开了，那是皮埃尔·居里特别喜欢的地方。我们也被布列塔尼那蓝色的海岸所吸引，那里的石楠花和金雀花一直蔓延到非尼斯泰尔的尽头，它们仿佛是大自然伸出的利爪或尖牙，深深嵌入到那永不停歇地冲击着它们的海水中。

后来，我们有了孩子，假期就不再四处奔波，而是在某个地方安静地度过。我们尽量选择偏远的村庄，与当地村民一样过着简单的生活。我还记得，有一天，一位美国记者在普尔杜村意外发现了我们，当时我正坐在家门前的石阶上，抖落凉鞋里的沙子。看到这一幕，他露出惊讶的表情。不过，他很快就摆脱了尴尬，挨着我坐下，开始在笔记本上记录采访我的内容。

我丈夫的父母和我的关系非常密切。他们在赛佐为我们保留着我丈夫婚前住过的房间，我们也经常回去看望他们。我对雅克·居里和他的家庭（已婚，有两个孩子）也有着非常亲密的感情。我把皮埃尔·居里的哥哥当作我的哥哥，并且一直如此。

我的大女儿伊雷娜出生在1897年9月，就在几天后，我的丈夫因为他的母亲去世而伤心不已。从那之后，我丈夫的父亲就来和我们一起生活。我们居住的房子有个花园，位于巴黎的旧城区（克勒曼大道108号），靠近蒙苏利公园。皮埃尔·居里一直住在这间房子里，直到生命的尽头。

居里夫妇与他们的女儿在花园里散步

　　孩子的出生给我们的科研工作增加了更多困难，我必须花更多的时间在料理家务上。幸运的是，我可以把我的女儿交给她的祖父照顾，他非常喜欢照顾她。但我们也得考虑增加我们的收入以满足我们这个大家庭的开支，而且需要雇一个人来帮助我做家务。然而，我们的经济状况在接下来的两年里都未见改善，即使这样也不影响我们继续致力于放射性的实验室研究。实际上，直到1900年，我们的经济状况才有所缓解，这确实耽误了我们投入研究中的时间。我们的生活没有了正式的社交活动。皮埃尔·居里对社交有一种不可克服的厌恶感。在他的一生中，他从不主动去拜访他人，也不愿涉足那些没有特别兴趣的圈子。天生严肃且沉默寡言的他，更愿意沉浸在自己的思考中，而不愿意参与那些乏味的闲聊。此外，他非常珍惜他的童年朋友，以及在科学上有共同兴趣的人。

在与他志趣相投的学者中，不得不提及的是里昂学院的伊·古伊教授。他与皮埃尔·居里的友谊可以追溯到他俩在巴黎大学担任助手时的岁月。他们经常为科学上的问题互相写信，且在伊·古伊偶尔访问巴黎之际，两人重逢时欣喜若狂，形影不离。我的丈夫与巴黎国际度量衡标准局局长爱德·吉约姆也维系着长久的友谊。他们经常在物理学会的聚会中相遇，偶尔也会选择某个周末在塞夫勒或索城相聚。后来，在皮埃尔·居里的周围又聚集了一群年轻的学者，他们同他一样，都在物理和化学的领域孜孜不倦地探索着。其中的安德烈·德比尔内是我丈夫的挚友和放射性研究的合作伙伴。乔治·萨格纳克与他一起进行X射线研究。还有保罗·朗之万，后来是法兰西学院的教授。让·佩兰，巴黎大学物理和化学学校教授。乔治·乌尔班，曾是物理和化学学校的学生，后来是巴黎大学的教授。他们时常到我们那位于克勒曼大道的宁静的家中做客，与我们共同探讨最近或未来将要进行的实验，讨论一些新想法和新理论，并为现代物理学的辉煌发展而欣喜不已。

我们家大型的聚会并不多，因为皮埃尔·居里并不喜欢家中喧嚣。他更享受与少数几位知己的深入对话，除了科学社团的会议，他很少参加其他聚会。他若在偶尔一次聚会中置身于那些不感兴趣的话题，便会寻找一个安静的角落，在那里他可以忘记周围的人群，沉浸在自己的思考中。

我们与家人的联系在他的家族和我的家族中都颇为有限。他几乎没有亲戚，而我的亲戚离我很远。尽管如此，对于那些能够来到巴黎探望我，或在我们假期中来访的我的家人，他总是表现得非常热情。

1899年，皮埃尔·居里与我一同踏上了前往奥地利属波兰的喀尔巴阡山脉的旅程。在那里，我的姐姐嫁给了德鲁斯基医生，姐姐也是一位医生，他们一起经营着一家大型疗养院。我的丈夫出于对我深切的关怀，想要深入了解我所珍视的一切。在那里，他让我明白，他其实希望学习波兰语，这是我未曾向他提议的，因为我认为这对他来说没有多大的帮助。他对我的祖国怀着真挚的同情，并坚信波兰将会在未来恢复自由。

在我们的共同生活中，我有幸逐渐深入了解他，正如他所希望的那样。他不仅满足了我最初的期待，甚至超乎了我的想象。随着时间的推移，我对他的非凡品质越来越钦佩，他对待生活的态度仿佛超脱了世俗，没有那些虚荣和狭隘。

他的魅力让人难以忽视，他那深思熟虑的表情和诚恳坦率的态度非常吸引人，他的善良和温柔更是让人喜爱。他有时会说自己从来不喜欢争论，这确实是真的。和他争论几乎是不可能的，因为他从来不生气。他会笑着说："生气可不是我的强项。"他的朋友不多，但也没有敌人，因为他从来不会伤害别人，哪怕是无意的。同时，也没有人能强迫他改变他的行为准则。他的父亲给他起了一个绰号——"温柔的固执者"。当皮埃尔·居里表达意见时，总是直截了当，他认为拐弯抹角的做法是思想不清晰的表现，而直截了当则是最简单、最有效的沟通方式。这种习惯有时会被人认为是天真的，但实际上，他的每一个行为都是经过深思熟虑的，而不是出于本能。也许正是因为他能够自我反思，才能如此清晰地理解他人的行为动机和想法。他虽然有时会忽略一些细节，但在重要的事情上很少会出错。通常，他会将自己的想法保留在心里，在确定自己可以这样做时，就会毫不犹豫地表达出来。

他在与人谈论科学问题时，总是保持温和的态度，不让个人的名誉或情感影响自己的判断。每当看到别人取得成就时，他都会感到由衷的喜悦，即使他知道在这个研究领域自己其实处于领先地位。他曾说："即使我没有发表某些研究成果，如果别人发表了，那又何妨？"因为他坚信，在科学研究中，我们应当关注的是知识本身，而非研究者个人。他对任何形式的竞争都持反对态度，甚至反对中学里的竞赛和评分制度以及由此授予的荣誉。他总是慷慨地指导和鼓励那些有科学天赋的人，因此那些曾受到他帮助的人至今对他仍心存感激。

如果他的处世态度达到人类文明的最高境界，那么他的行为则更像一个心地善良的人才有的行为。他的善行源于对人类团结的深刻感悟，这与他受过的教育紧密相连。他总是尽自己所能，帮助那些处于困境中的人，哪怕这意味着要牺牲他宝贵的时间——对他来说，这无疑是最大的付出。他的慷慨如此自然，几乎让人难以察觉。他相信，物质财富除了可以满足基本的生活需求，最大的好处还在于它能够让我们有机会去帮助他人，以及追求自己热爱的事业。

我该如何描述他对家人的深情，以及他对朋友的关爱呢？他不轻易与人建立友谊，但一旦成为朋友，便是坚定而忠诚的，因为这是建立在共同的思想和观念上的志同道合。他很少表达心中的爱，但他对他的哥哥和我的感情是多么深厚啊！他能够放下他一贯的矜持，只是为了让他所爱的人能感受到和谐的氛围。他的温柔是最珍贵的礼物，总能让人感到实在和及时、温暖和甜蜜。被这样的温柔包围着是一种幸福，而在完全习惯这种温柔的感情之后，突然失去这种温柔，却是一种痛苦。我将用他自己的话来讲述他对我的感情：

我想着你，你填满了我的生活，我渴望获得新的力量。除了想着你，我无法再想其他的事情，我想像现在这样全神贯注地想着你，我想能够看见你，想知道你的一举一动，想让你感受到这一刻我完全属于你，但我却没能看见你出现在我的眼前。

我们没有理由对我们的健康过于自信，也没有理由对我们经常经受严峻考验的力量过于自信。就像那些懂得共同生活的价值的人一样，我们心中也会时不时地涌现出对无法挽回之事的担心。每当谈论这些担心时，他总会勇敢地说："无论发生什么，即使我们其中一个人死去，另外一个人也必须继续工作下去。"

第五章
镭的发现

　　1897年，皮埃尔·居里投身于晶体生长的研究中，而我在假期伊始完成了对淬火钢磁化特性的研究，因此获得了国家工业促进会的一笔微薄资助。我们的女儿伊雷娜在这年的9月出生。我身体恢复之后，又继续我的科研工作，为我的博士论文做准备。

　　此时，我们对亨利·贝克勒尔在1896年发现的一种奇特现象产生了浓厚的兴趣。伦琴发现X射线，激发了无数科学家的想象，大家纷纷探索荧光物质在光照作用下是否发出类似的X射线。亨利·贝克勒尔正是在这一探索过程中，意外发现了一种与他预期不同的奇特现象：铀盐会释放出一种具有独特性质的射线，这就是放射性现象。

　　亨利·贝克勒尔所揭示的奇特现象具体如下：当铀化合物被放置在覆盖着黑色纸的照相底片上时，照相底片上就会留下类似于光线照射产生的痕迹。这是由穿透黑色纸的铀射线形成的。这些射线与X射线类似，能使周围的空气导电，从而放电。

　　亨利·贝克勒尔进一步确认，这些特性并不依赖于任何预先的隔离处理，即使在暗处存放数月，这些特性依然存在。下一步就是要探究这些能量的来源，虽然能量很小，但确实是由铀化合物以辐射的形式持续释放出来的。

　　研究这一现象对我们来说非常有吸引力，这种现象提出了一个全新的问题，而且这个问题还没有人研究过，我决定进行这项研究。

　　我们需要找到一个合适的实验场所。我的丈夫得到了校长的许可，可以将一楼的一间原本用作储藏室和机械加工车间、四周装有玻璃的房间当作实验室。

　　要想在科学研究领域超越亨利·贝克勒尔，就必须找到一种能够精确测量铀辐射强度的定量分析技术，而铀辐射的强度则可通过测量铀发出的射线在空气中产生的导电性大小来间接测得。这种引起空气导电的现象称为电离。X射线也能引起电离，且对其特性的研究已经较为深入。针对由铀发出的射线电离空气后产生的微弱电流的测量，我使用了皮埃尔·居里和雅克·居里所开发、应用的高灵敏性静电计平衡法。该方法的基本原理是使电流所携带的电荷量与压电晶体所产生的电荷量在一个灵敏的静电计中达到平衡，从而相互抵消。这种方法需要的实验装置包括居里静电计、压电晶体和电离室，其中电离室由平板电容器构成，其上极板连接到静电计，下极板带有已知电势，并覆盖一薄层待测物质。显然，把此类电学测量装置安置在我们狭小且潮湿的实验室里并不合适。

　　我的实验结果证明，在特定条件下，铀化合物的辐射强度可以被精确测量，且该辐射是铀元素固有的原子属性。其辐射强度与化合物中的铀含量成正比，且不受化学结构或光照、温度等外部环境的影响。

　　我想弄清楚是否还有其他元素也具有这种辐射性质。通过对当时已知的所有化学元素进行系统研究，发现仅有含钍化合物能释放与铀射线相似的射线。而且，钍的辐射强度与铀相当，同样属于钍元素的一种原子属性。

鉴于此，我提出了"放射性"这个新的术语，用于描述铀和钍两种元素所表现的物质新属性。该术语已被广泛采用，而具有放射性的元素就被称为放射性元素。

在研究过程中，我不仅检测过简单的化合物，如盐和氧的化合物，还检测过大量矿物。部分矿物显示出异常的放射性，这些矿物虽含有铀和钍，但其放射性强度远超预期。

我们对这种异常现象感到极为惊讶，在排除实验误差的可能性后，为其寻找合理的解释成为当务之急。于是，我提出了一个假设：在铀和钍这些矿物中可能含有微量的、放射性远超过铀或钍的物质。该物质不可能是已知元素，因为它们都已被检测过。因此，它一定是一种尚未被发现的化学元素。

我迫切希望验证这个假设。皮埃尔·居里对这个问题同样表现出浓厚的兴趣，他暂时搁置了晶体研究工作，和我一起寻找这种未知的物质。

我们选择了沥青铀矿作为研究材料，这是一种含铀的矿石，其纯态的放射性约为氧化铀的4倍。鉴于该矿石的成分已通过精确的化学分析，我们可以从中得知，新元素的最大含量不会超过1%。之后，我们的实验结果是，沥青铀矿中确实存在新的放射性元素，但其含量甚至不到百万分之一。

我们采用的是一种基于放射性的化学研究新方法。该方法主要利用系统化学分析技术诱导物质分离，并在控制条件下对所有分离产物的放射性进行定量测量。通过该方法的测量，我们可以观察目标放射性元素的化学特性。该特性在分离过程中会随着元素在放射性增强的产物中逐渐聚集而变得明显。我们迅速识别出放射性元素主要集中在两种不同的化合物中，并且能够在沥青铀矿中至少识别出钋和镭这两种新的放射性元素。我们在1898年7月宣布了钋的存在，同年12月宣布了镭的存在。

尽管研究取得了相对快速的进展，但是我们的工作远未完成。在我们看来，这些新元素确实存在，但要让化学家们承认它们的存在，就必须将它们分离出来。在我们得到的放射性最强的产物（比铀活跃数百倍）中，钋和镭仅以微量存在。钋与从沥青铀矿中提取的铋相关联，而镭夹杂在从同一矿物提取到的钡中。我们已经掌握了从铋中分离出钋和从钡中分离出镭的方法，但要实现这样的分离，必须拥有比目前更多的沥青铀矿石。

我们在研究的过程中，受到条件不足的极大限制，既缺乏适合的工作场所，又缺乏资金和人员。沥青铀矿石是一种昂贵的矿物，我们无法大量购买。当时，沥青铀矿石的主要来源是位于波希米亚的圣约阿希姆斯塔尔的一个矿场，奥地利政府在那里开办了一家提取铀的工厂。

起初，我们不得不自己支付实验的费用。后来，我们得到了政府的一些补贴以及社会力量的帮助。场地是一个非常棘手的问题，我们一直在寻找合适的地点进行化学提炼工作。无奈之下，我们只能选择在一间废弃的储藏室里开始我们的实验，而这间储藏室就位于我们放置电学测量设备的实验室对面。那是一个木棚屋，棚屋有沥青地面和玻璃屋顶，但屋顶漏雨，内部也没有任何设施。棚屋里仅有的几件物品是一些磨损的松木桌子、一个不怎么好用的铸铁炉，以及皮埃尔·居里常用的黑板。由于室内缺少抽气系统，化学处理过程中产生的有毒气体无法排出，我们不得不在棚外的院子里实验。但遇到恶劣天气时，我们只好搬回棚内继续工作，同时尽量

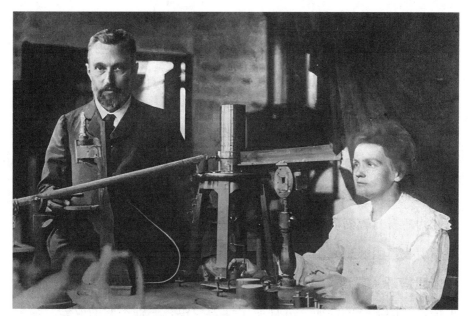

居里夫妇的实验室在一间废弃的棚屋里

保持棚内窗户敞开通风。

在这个临时实验室里，我们几乎孤立无援地工作了两年时间，一边从事化学研究，一边研究逐渐提取到的放射性越来越强的分离产物的辐射。此时，我们不得不进行分工。皮埃尔·居里继续研究镭的特性，而我则专注于化学实验，目标是制备纯净的镭盐。我每次需要处理多达20千克的原材料，棚屋里堆满了装有沉淀物和液体的大型容器。搬运容器、转移液体以及用铁棒持续数小时搅拌铸铁锅中沸腾的物质，都是非常耗费体力的工作。

我从铀矿废渣中提取出含镭的钡盐，并将其以氯化物的形式进行分级结晶。镭会积聚在最不容易溶解的那些物质中，我认为这个过程能够实现氯化镭的分离。然而，最后对结晶的处理必须特别仔细，我的实验室无法避免铁屑和煤尘的污染，越是到最后关键阶段，结晶操作越难。一年后，实验结果清晰地表明，分离镭比分离钋要容易得多，因此我们便集中精力来分离镭。我们对获得的镭盐进行了仔细的检测，同时将部分镭盐样品借给其他科学家使用，[①]其中特别要提到的是亨利·贝克勒尔。

1899—1900年，皮埃尔·居里与我合作发表了多篇研究论文，其中一篇是关于镭引发放射性的论文，另一篇是关于镭射线效应如发光效应、化学效应等的论文，还有一篇是探讨某些镭射线携带电荷的论文。1900年，在巴黎召开的物理学大会上，我们提交了对新发现的放射性物质及其辐射的总结性报告。此外，我的丈夫还发表了关于磁场对镭射线作用的研究论文。

我们的主要研究成果以及其他科学家这些年的研究成果，揭示了镭发出的射线的性质，并证明了镭射线包含三种不同的成分。镭发出的射线有两种以高速运动的活跃粒子，第一种粒子带有正电荷，形成 α 射线；第二种较小的粒子带有负电荷，形成 β 射线。这两种粒子的运动会受到磁场的影响。第三种成分则是对磁场不敏感的射线，现在我们已经知道那是一种类似于光和X射线的辐射。

我们非常兴奋，因为我们提取的浓缩镭制品都是自行发光的。我的丈夫曾希望看到它们呈现出美丽的色彩，但没有想到它们会发光，这种未曾预见的特性让他更加欣喜。

1900年的物理学大会给我们提供了一个绝佳机会，让我们能更加近距离地向国外的科学家展示我们发现的新放射性物质，这也是大会

[①]1899年，亚当·保尔森给皮埃尔·居里写信，感谢他提供的放射性物质样品。信的内容如下：
尊敬的先生，最敬爱的同事：

我衷心感谢您8月1日的来信，我刚刚在冰岛的北部收到这封信。我们已放弃以往用在固定导体中建立某些空气区域电位的方法，仅使用您提供的放射性粉末进行实验。

请接受我最崇高的敬意和感谢，感谢您对我探险所做出的伟大贡献。

亚当·保尔森
1899年10月16日于亚克利伊

关注的焦点之一。

此时，我们完全沉浸于这个起初并没有抱太大希望而发现的新领域。尽管工作条件艰苦，但是我们依然感到非常快乐。我们大部分时间都在实验室里，常常在那儿吃学生吃的那种简单的午餐。我们简陋的实验室非常安静，偶尔在观察实验时，我们会边走动边讨论当前和未来的工作。当感到寒冷时，我们会围坐在炉边喝一杯热茶，这样会让我们感到一丝温暖。我们完全沉浸在工作中，仿佛着了魔似的。有时在晚餐后，我们会返回实验室，继续研究我们的实验。我们没有将那些珍贵的研究材料保存起来，而是将它们摆放在桌子或凳子上。无论从哪个角度看，我们都可以看到它们微亮的轮廓，那些微光仿佛悬浮在黑暗中，给人一种美好而又奇幻的感觉。

事实上，学校的员工并没有义务为皮埃尔·居里提供帮助。然而，皮埃尔·居里在担任实验室主任时，曾给予过必要帮助的一位助手，却始终尽自己所能为皮埃尔·居里提供帮助。这位好心人叫皮蒂，对我们十分关心，帮了不少忙。正是因为他的帮助，许多事情才变得更加顺利和轻松。

我们最初只有两个人进行放射性研究，但随着要做的事情逐渐增多，我们意识到邀请其他人合作非常有必要。早在1898年，学校的一位实验室主任吉·贝蒙特就曾为我们提供过短期帮助。到了1900年，皮埃尔·居里邀请一位年轻的化学家安德烈·德比尔内加入我们的研究。安德烈·德比尔内是弗里德尔的学生，深受弗里德尔的器重。安德烈·德比尔内欣然接受了皮埃尔·居里的建议，投身于放射性研究，并着手寻找一种我们怀疑存在于铁元素和稀土元素中的新放射性元素。最终，他发现了锕元素。尽管他受让·佩兰的领导，在巴黎大学物理和化学实验室进行着自己的研究，但是他经常来我们简陋的实验室看望我们，很快便成了我们亲密的朋友，也与皮埃尔·居里的父亲和我们的孩子们结下了深厚的友谊。

此时，年轻的物理学家乔治·萨尼亚克也在进行X射线研究。他常常与我的丈夫讨论X射线及其次级射线与放射性物质辐射之间可能存在的相似性。他们还一起探讨了次级射线携带的电荷。

除了我们的合作伙伴，实验室里几乎没有其他人。由于皮埃尔·居里在物理领域的权威性早已得到了公认，偶尔会有物理学家或化学家来参观我们的实验室，向皮埃尔·居里请教问题。这时，他们便围在黑板前展开讨论。这些讨论至今依然令人回味无穷，因为这些讨论激发了他们对科学的浓厚兴趣。更难得的是，这些讨论始终未曾打断我们深入思考的节奏，也未曾扰乱宁静、平和的实验室气氛，这正是实验室最珍贵的氛围。

第六章
名声的重负

我们渴望将所有精力都投入研究中，我们对生活的需求非常简单，但到了1900年，我们不得不承认，增加收入对我们来说变得非常必要了。皮埃尔·居里并不抱有太大的希望能在巴黎大学找到一个重要的职位。这样的职位薪水虽然不高，但是足以满足家庭的基本开销，让我们不必依赖额外的收入。由于他既不是巴黎高等师范学校的毕业生，也不是巴黎高等综合工业学校的毕业生，因此缺乏这些名校的关键支持。他本应凭借自己的成就获得的职位却被其他人占据，甚至没人把他当成候选人。

1898年初，萨莱特去世后，物理和化学教授的职位空缺，皮埃尔·居里尝试申请该职位，但没有成功。这让他确信自己不可能得到晋升的机会。然而，1900年3月，他被任命为巴黎高等综合工业学校的助理教授，但仅6个月后他就离开了。

1900年春，意外的机会出现了，日内瓦大学为他提供了一个物理学教授的职位。日内瓦大学的校长非常热情地邀请皮埃尔·居里，并表示学校愿意为聘请这样一位具有极高声誉的科学家做出特别的努力。学校承诺这个职位的薪水比一般的职位高，并同意为我们建一个足够大的物理实验室，同时也为我提供正式职位。这个提议非常诱人，我们决定前往日内瓦大学访问。在那里，我们受到了最热情的款待。

然而，这对我们来说是一个非常重大的决定。日内瓦大学提供了丰厚的物质条件，足以使我们过上相对安逸的田园般的生活。皮埃尔·居里曾心动过，考虑接受这次邀请，但因对镭研究具有浓厚的兴趣，担心这次的变动会中断我们的研究，最终决定放弃这个机会。

就在这时，巴黎大学讲授物理、化学与自然历史课程的教授职位空缺，而该课程又是医学专业的必修课程，通常被称为P.C.N。皮埃尔·居里递交了申请，并在亨利·庞加莱的帮助下成功获得了这个职位。亨利·庞加莱希望帮助他留在法国。与此同时，我被委派到塞夫勒女子高等师范学校担任物理教授。

于是，我们留在了巴黎，收入也有所增加，但我们的工作条件却越来越艰难。皮埃尔·居里承担了双重教学任务，尤其是选择P.C.N课程的学生众多，这让他感到非常疲惫。而我自己则不得不花大量时间为塞夫勒女子高等师范学校的教学备课，并组织实验室工作。

此外，皮埃尔·居里的新职位没有为他提供实验室。他在巴黎大学附属楼（位于居维叶街12号）讲授P.C.N课程，那里仅有一间小办公室和一间工作室作为教学用房。尽管如此，他认为自己仍有必要继续自己的研究工作。事实上，他的放射性研究进展迅速，他决定在巴黎大学的新职位上接收学生，并指导他们开展相关研究。因此，他向学校提出申请，希望能给他一个更宽阔的工作场所。那些曾提出类似申请的人都明白，这个请求将面临较大的困难，涉及的管理流程非常复杂，需要写无数的官方信函，以及请求别人帮助。这一切都让皮埃尔·居里感到疲惫和沮丧。他还要在P.C.N实验室和我们的棚屋之间来回奔波。此外，我们还发现，如果没有采用工业手段来处理我们的原材料，我们将无法继续展开深入的研究。幸运的是，通过一些应急措施和他人的慷慨帮助，我们最终解决了这个难题。

早在1899年，皮埃尔·居里借助曾与他在制作天平时合作的化学制品中心协会提供的设备，成功开展了首次工业实验。对工业方法提取镭的实验，安德烈·德比尔内曾做过细致研究，所以实验效果不错。鉴于实验中化学操作的特殊性，我们培训了一支专业的队伍，这种实验要求特别小心和细致。

我们的研究掀起了一场全球范围内的科学热潮，其他国家也纷纷开展类似研究工作。对于这些类似的研究工作，皮埃尔·居里始终以无私和宽容的态度来对待。在征得我的同意后，他拒绝从我们的发现中谋取任何物质利益。我们没有申请专利，而是毫无保留地公开了所有研究成果，并详细介绍了镭的制备过程。此外，我们还向感兴趣的人提供了相关信息。我们的这些做法极大地促进了法国镭产业的发展，继而在其他国家飞速地发展起来，为科学家和医生提供了他们需要的镭产品。直到今天，镭产业仍然在几乎没有任何修改的情况下，使用我们当时所提供的生产工艺。①

尽管我们的工业实验取得了良好的效果，但是由于资金仍然有限，我们下一步的研究依然受到了阻碍。法国企业家阿尔梅·德·利斯勒在我们的启发下，提出了当时看似大胆的想法——创办一家真正的镭工厂，向医生提供这种产品。此时，多项研究发布的关于镭对生物的效应以及对某些疾病的治疗作用引起了医学界的广泛关注。阿尔

---

①在我最近访问美国期间，美国妇女慷慨地赠送给我1克镭，布法罗自然科学学会赠送我一本会刊作为纪念。该会刊回顾了镭产业在美国的发展情况，其中包括了皮埃尔·居里的一些信件、照片的复印件。他在信中详尽地回答了美国工程师提出的问题。这是1902年和1903年的事了。

梅·德·利斯勒雇用了那些已经接受过我们培训的人员，他们熟悉生产过程中复杂的工艺，所以后来项目取得了巨大的成功。由于生产镭所需的特殊条件，以及用于生产镭的矿物成本迅速上涨，镭开始以高价被定期销售。①

感谢阿尔梅·德·利斯勒对我们提供的支持，他无私地为我们提供了一个小型工作场所，并提供了一部分研究经费。其余资金由我们自己筹集，或通过补助获得，其中最重要的一笔是1902年由法国科学院拨款的2万法郎。

这样，我们利用逐步获得的矿石制备了一定量的镭，并将其持续应用于我们的研究。镭含量较高的钡在工厂中被提取，而我则在实验室中对所获得的初级产品进行纯化和分级结晶。1902年，我成功制备了0.1克纯镭氯化物，且该氯化物只发出镭这种新元素的光谱。我首次确定了镭元素的原子量值为225，这个数值远大于钡。由此，镭的化学独立性得到了完全确认，放射性元素的存在也成为不容争议的事实。

基于这些研究成果，我于1903年完成并发表了博士论文。

后来，实验室提取的镭的数量增加了。1907年，我能够再次更精确地测定镭的原子量值为225.35（目前普遍接受的数值是226）。同时，我还与安德烈·德比尔内合作，成功将镭提纯为金属状态。正如皮埃尔·居里期望的那样，我为实验室准备并提供的镭元素总量超过1克。

纯镭的放射性强度远超我们的预期，在同等重量下，镭发出的辐射比铀高出100万倍。然而，铀矿石中镭的含量却极为稀少，每吨铀矿石中仅含约0.3克镭。这两种物质的关系极为密切。实际上，我们

---

① 每毫克镭的价格约750法郎。

现在知道，镭是在铀矿石中由铀衰变生成的。

皮埃尔·居里被提名为巴黎大学物理和化学教授后的最初几年，日子过得极为艰难。他必须面对组织复杂研究工作的各种压力，而他的幸福感又完全取决于能否专注于单一明确的研究。此外，他还承担了大量课程的讲授工作，这让他身心非常疲惫，患上了痛风病，经常受剧烈疼痛的折磨。

为了节省精力并保持健康，他决定申请巴黎大学矿物学教授的职位。当时该职位正空缺，而他完全具备胜任这个职位的资格，因为他在晶体物理学理论方面拥有深厚的造诣和重要的学术成果。然而，他的申请最终未能成功。

在这段痛苦的时期里，皮埃尔·居里凭借非凡的毅力，成功完成并发表了多项研究成果，其中包括他独立完成或与他人合作完成的研究：

与安德烈·德比尔内合作开展的诱发放射性研究。

与J.丹恩合作探讨的相关课题。

关于镭射线和伦琴射线在电介质液体中引发导电性的实验。

对镭射气衰变规律及其放射性常数的深入研究。

与A.拉博德合作，发现镭释放热量的现象。

与J.丹恩合作，研究镭射气在空气中的扩散行为。

与A.拉博德共同分析温泉气体的放射性特性。

与亨利·贝克勒尔合作，探索镭射线的生理效应。

与布沙尔和巴尔塔扎尔联合研究镭射气的生理作用。

与C.谢内沃共同撰写关于磁常数测定装置的技术笔记。

这些关于放射性的研究都是基础性研究，且覆盖了多个领域。其中，部分项目的研究对象是镭射气。镭射气是指由镭产生的一种奇特的气态物质，是镭强辐射的主要来源之一。

皮埃尔·居里通过严谨的实验证明，无论在怎样的环境条件下，镭射气都会遵循固定的衰减规律。如今，镭射气被装入小玻璃瓶，广泛用于医学治疗。相比直接使用镭，镭射气因技术优势更适合应用在治疗领域。不过，医生在使用镭射气前必须参考图表，了解镭射气每天的衰减数量。即使镭射气被封闭在玻璃容器中，其数量仍在不断减少。此外，矿泉水中含有微量镭射气，因而对疾病的治疗也有一定作用。

更为引人注目的是，镭会自行释放热量。在外观毫无变化的情况下，镭每小时释放出的热量足以融化与其自身重量相当的冰。当被有效隔绝外界热损失时，镭甚至能够自行加热，其温度比周围环境高10℃以上。该现象完全超越了当时科学的认知范围。

此外，与镭的生理效应相关的实验因其影响深远而不可忽略。为验证F.吉泽尔最新发布的研究结果，皮埃尔·居里主动将手臂暴露在镭的作用下数小时，导致他的皮肤出现一处类似烧伤的伤口，而且逐渐恶化，过了几个月后才得以愈合。同样，亨利·贝克勒尔也因意外而受伤。他将装有镭盐的玻璃管放在他背心的口袋中，因此在皮肤上留下了类似的烧伤痕迹。皮埃尔·居里告诉我他试验后得到这个严重的后果时，既兴奋又带着些许恼怒，他感叹道："我爱它，但它又让我心生怨恨！"

皮埃尔·居里意识到镭的生理效应的研究价值后，立即与医学界的专家合作，开展了一系列相关实验。他还让动物接触镭射气，这种研究成为镭疗法的新的疾病治疗方法。首次将镭用于治疗疾病的那些镭产品是由皮埃尔·居里提供的，其目的是治疗狼疮及其他皮肤病变。由此，镭疗法作为一种重要的医学分支，诞生于法国，并被称为居里疗法。随后，镭疗法又得益于法国多位医生如丹洛斯、乌丹、威克汉姆、多米尼奇、谢龙、德格赖等的研究而进一步发展。[①]

与此同时，国外对放射性研究的热潮推动了一系列新发现快速涌现。许多科学家利用我们首创的基于物质放射性的新化学分析方法，积极探索其他放射性元素，并由此发现了现今被医学界广泛使用并已实现工业化生产的新钍及放射性钍、离子钍、原镭、放射性铅等物质。目前，我们已知的放射性元素约有30种，其中包括3种射气。镭在所发现的放射性元素中，因具有极强的放射性及可以保持多年的缓慢衰减，占据最重要的位置。

1903年是新科学发展历程中关键的一年。这一年，镭这种新化学元素的研究取得了重要成果。皮埃尔·居里揭示了镭能释放惊人的热量，而镭的外观却毫无变化。在英国，拉姆赛和索迪宣布了一项重大发现，他们证明了镭会不断产生氦气，而这个过程明确指出了原子会发生转变。具体来说，将镭盐加热至熔点并密封于一个完全抽空的玻璃管中，经过一段时间后再加热，镭盐就可以释放出少量氦气，通过其光谱特征容易被识别和测量。这个基础实验得到了大量重复验证，都是得出相同的结论。尽管这个过程并非出于人的主观意志，但是它彻底颠覆了原子结构绝对固定的理论。所有这些事实以及此前已知的其他相关内容，由E.拉塞福和索迪进行系统总结，并撰写成一部极具价值的著作。在该著作中，他们提出了如今被普遍接受的放射性转化理论。该理论强调，即使放射性元素表面上看似未发生变化，也会经

---

① 这些医生得到了企业家阿尔梅·德·利斯勒的支持。阿尔梅·德·利斯勒为他们的初步研究提供了所需的镭资源。此外，他于1906年创建了一个临床研究实验室，配备了充足的镭资源。他还资助了第一本专门讨论放射性及其应用的期刊《镭》，该期刊由J.丹恩担任主编。这是工业界为科学提供慷慨支持的一个典范，尽管在今天仍然罕见，但是人们希望它能在未来继续为科学家和工业带来更大的好处。

历自发的转化过程，而转化速度越快，辐射强度就越大。[1]

放射性原子可以通过两种方式完成转化：一种是排出一个氦原子，氦原子以极快的速度被抛射出并带有正电荷，形成α射线；另一种是从原子结构中分离出一个比氦原子更小的碎片，即现代物理学熟知的电子，形成β射线。电子的质量在速度较低时约为氢原子质量的1/1800，而当速度接近光速时，其质量会显著增加。

无论以哪种方式排出，剩余的原子都与原来的原子不相同。例如，当镭原子排出氦原子后，残余物成为镭射气的原子。随后，残余物继续转化，直到形成最终稳定且不再发出辐射的物质，即非放射性物质。

因此，α射线和β射线来源于放射性原子碎裂，而γ射线则是伴随原子转化过程产生的一种类似于光的高能辐射。由于γ射线穿透能力极强，已经成为目前镭疗法中应用最广泛的一种射线。[2]

在放射性元素的研究领域，我们观察到这些元素形成了一个家族体系，每个成员都由其前体元素直接衰变而来，其中铀和钍为原始元素。值得一提的是，我们已经能够证明镭是铀的直接衰变产物，而钋则是镭的直接衰变产物。由于放射性元素在形成时也在不断衰减，它们在母体元素存在的环境中积累起来，却无法超过一定的比例。这就是在非常古老的未改变的矿石中，镭与铀的比例始终保持恒定的原因。

放射性元素的自发衰变遵循一个基本的物理法则，即指数定律。根据这个法则，每种放射性元素的数量会在一个固定的半衰期内减少

---

[1]关于放射性与元素的原子发生转化的假设，最初由皮埃尔·居里和我提出，我们还针对其他可能性进行了探讨。这一假设后来被E.拉塞福加以具体应用（见1900年《科学评论》，居里夫人等的相关文章）。

[2]E.拉塞福最近通过利用α射线的特殊能量，成功使某些较轻的原子（如氮原子）发生分裂。

一半。半衰期是一个恒定的时间周期，因而我们通过它能够明确地识别出所讨论的元素。不同元素的半衰期各不相同，并且可以通过多种实验方法加以测量。例如，铀的半衰期为数十亿年，镭的半衰期约为1600年，镭射气的半衰期不到4天，而在镭的衰变链中，有些元素的半衰期甚至小于1秒。指数定律不仅在物理学上具有深远意义，还表明放射性元素的衰变过程遵循概率法则。决定这种衰变的具体原因，至今仍然是一个未解之谜，我们尚不清楚它们是源自原子外部的因果条件，还是原子内部的不稳定性。直到目前，在许多情况下，我们尚未发现外部作用能够有效地影响这种衰变过程。

这些在短期内快速发展的科学新发现，颠覆了物理学和化学长久以来根深蒂固的传统观念。尽管这些新发现最初遭到了质疑，但是随着时间的推移，这些新发现逐渐获得了科学界的广泛关注与认可。与此同时，皮埃尔·居里在法国和国外声名日盛。1901年，他就获得了由法国科学院颁发的拉克斯奖。1902年，曾多次给予皮埃尔·居里重大支持的马斯卡特决定推荐他为法国科学院院士。然而，皮埃尔·居里认为法国科学院的成员应该纯粹基于学术成就选举产生，而非通过拉票或拜访的方式产生。但在马斯卡特的诚挚劝说和法国科学院物理部门的一致支持下，他最终提交了申请。遗憾的是，他未能如愿当选。直到1905年，他才成为法国科学院的院士，然而不到一年时间，他便因一次事故而去世了。此外，他还当选为多个国家的科学院和科学社团成员，并获得了几所大学授予的荣誉博士学位。

1903年，我们应英国皇家学会的盛情邀请，踏上了前往伦敦的旅程，皮埃尔·居里将在那里发表关于镭的演讲。在这次活动中，皮埃尔·居里受到了极为热烈的欢迎。他特别高兴能再次见到开尔文勋爵。开尔文勋爵对皮埃尔·居里非常关爱，虽然年事已高，但是始终保持对科学的热爱。开尔文勋爵面带微笑，小心翼翼地拿出一个玻璃瓶展示给我们看，瓶里面装着皮埃尔·居里赠予他的镭盐颗粒。在伦敦期间，我们还有幸见到了许多著名的科学家，如克鲁克斯、拉姆齐和杜瓦等。其中，皮埃尔·居里与杜瓦的合作成绩斐然。他们共同发表了《镭在极低温度下放热》和《镭盐中氦气的形成》两篇研究论文。

几个月后，英国皇家学会将戴维奖章授予皮埃尔·居里和我。几乎在同一时间，我们与亨利·贝克勒尔共同荣获了1903年的诺贝尔物理学奖。然而，由于我们身体状况不好，未能参加1903年12月举行的颁奖仪式。直到1905年6月，我们才得以踏上前往斯德哥尔摩的旅程，皮埃尔·居里在仪式上发表了讲话。我们在斯德哥尔摩受到了非常热情的款待，并有幸欣赏了瑞典最美丽的自然风光。

对我们而言，获得诺贝尔物理学奖的意义非凡，因为这个新成立的诺贝尔基金会享有崇高的声誉。更何况从经济角度来看，即使只是奖金的一半，也是一笔相当可观的数目。这意味着皮埃尔·居里可以将他在物理和化学学校的教学工作移交给他的学生——同样极具才华的物理学家保罗·朗之万。此外，皮埃尔·居里还能够聘请一名助手，协助他开展研究工作。

然而，这件令人欣喜的事也给我们带来了许多烦恼，我们受到了更多公众的关注，我们既不习惯，也没有心理准备。络绎不绝的访问、数不胜数的信件，以及许多约稿和演讲的邀约，既消耗精力又浪费时间，给我们带来沉重的负担。皮埃尔·居里天性善良，不喜欢拒绝他人，但他也清醒地意识到，如果不学会拒绝，这将对他的健康、情绪和工作造成严重的影响。在致爱德华·纪尧姆的信中，他写道：

人们向我约稿和请我演讲，可是几年后，那些提出这些要求的人将会惊讶地发现，我们并没有完成任何事情。

同一时期他写给古伊的信件中，也这样表达自己的心情：

正如您所见，此刻命运对我们颇为眷顾，但这些恩赐并非没有给我们带来烦恼。我们从未像现在这样不平静，有时我们几乎没有喘息的时间，可我们都是曾梦想远离人群，在荒野中生活的呀。

1902年3月2日

我亲爱的朋友：

我一直想给你写信，请原谅我至今才提笔。如今，我的生活陷入了一种荒谬的混乱之中。你已经目睹了人们对镭的狂热追求，这使我们一时间获得了好运，声名鹊起，但却让我们疲于应付。我们被来自世界各地的记者和摄影师围追堵截，甚至我们女儿与保姆的对话，家中那只黑白花猫，都成了报纸上的头条新闻。不仅如此，还有不少人请我们捐款。

大量向我索要签名的人、势利人、上等人，甚至一些科学家也纷纷涌入我们原本安详而宁静的实验室。每天晚上，我都要处理堆积如山的信件，这一切都让我不胜其烦。然而，如果这一切纷扰最终能让我争取到一个教授席位和一间实验室，或许这一切还不算徒劳。说实话，教授席位之事还在计划中，而实验室一时半会儿也还没有踪影。我曾希望情况能有所不同，但利亚尔却想借此机会设立一个新的教授席位，未来将由大学接管。他们将设立一个没有固定授课内容的教授席位，类似于法兰西学院的课程。这意味着我每年都需要更新我的授课内容，这对我来说将是一个巨大的考验。

1904年1月22日

我不得不放弃前往瑞典的计划，如你所见，我们已完全违反了瑞典科学院的规定。但坦白说，我的身体实在太差了，不能再做任何消耗体力的事情，我的妻子也同我一样。我们再也无法回到以前那种安心工作的时光了。至于研究工作，目前我尚未取得任何实质性的进展。我每天备课，指导学生，安装设备，应付那些为了一点小事而来打扰我的人，时间就这样匆匆流逝，而我却没做成一点有价值的事。

1905年1月31日

亲爱的朋友：

我对今年未能与你见面深感遗憾，但对10月的重逢却充满期待。我们必须不断努力，以维持与那些最理解我们、与我们最默契的朋友的关系，否则我们可能会因便利而与其他人交往，因而逐渐疏远了真正的知己。

我的日常生活依旧繁忙，却鲜有成果。我已经一年多未能专注于科研工作，且未曾有过片刻的闲暇。我至今仍未找到有效的方法来解决消耗我们宝贵时间的问题，但我们必须找到这样的方法，这对科研工作至关重要。从理论上来说，这关系到我们事业的成败。

1905年7月25日

我的课程将于明天开讲，但实验室并没有准备好。授课地点设在巴黎大学，而我的实验室位于居维叶街。更糟糕的是，由于同一间教室还需用于其他多门课程，我只有一个上午的时间准备我的课程。我虽然尚未卧床不起，但是健康状况也不算很好，总是感到疲劳，工作能力也大不如前。相反，我的妻子精力旺盛，既要照顾孩子，又要管理塞夫勒的学校和实验室。她一刻也不闲着，比我更有规律地投入到实验室的工作中，几乎整天都在那里。总的来说，尽管受到这些外界的干扰，但是我们都在共同努力，让生活过得像以前一样简单、宁静。

1905年11月7日

1904年底，我们家又添了一位新成员，我们的第二个女儿出生了。伊芙出生在克勒曼大道的房子里，我们仍然和皮埃尔·居里的父亲住在一起，只同少数朋友来往。

随着大女儿逐渐长大，她开始成为皮埃尔·居里亲密的小伙伴。皮埃尔·居里对她的教育倾注了极大的心血，尤其是在假期，他常常带着大女儿在巴黎的街头巷尾或郊外的田野林间漫步。他总是以严肃而耐心的态度与她对话，细致地解答她的疑惑，并欣喜地发现她智力上的成长。孩子们很小的时候就得到皮埃尔·居里的喜爱，他不知疲倦地去理解孩子们的心思，努力给予她们最好的关爱与引导。

随着皮埃尔·居里在国际科学界的声誉日益高涨，法国终于开始全面认可他的成就，只是这份认可来得有点晚。皮埃尔·居里在45岁时已跻身法国顶尖科学家之列，然而，作为一名教师，他的地位却显得微不足道。这种反差引发了公众对他的广泛关注，许多人站出来为他发声。在舆论的压力下，巴黎科学院院长利阿尔德向议会提出请求，建议在巴黎大学设立一个新的教授席位。最终，1904—1905年学年里，皮埃尔·居里被正式任命为巴黎科学院的教授。

一年后，他离开了物理和化学学校，由保罗·郎之万接替了他的席位。然而，新的教授席位的设立并非一帆风顺。最初的计划是只设立一个新的教授席位，没有设置实验室。皮埃尔·居里认为，他不能冒险接受一个可能会让自己失去现有实验室的职位，除非对方提供给他新的实验室。因此，他坚持写信给上级部门，表明他决定不接受新职，仍留在P.C.N教师职位上。他的坚持最终获得了成功，巴黎大学除了设立一个新的教授席位给他，还划拨了一笔用于实验室和人员配置的基金。实验室的人员包括一名主任、一名助手和一名实验准备员。其中，主任由我担任，这让我丈夫感到无比欣慰。

我们带着一丝遗憾离开了物理和化学学校，尽管那里条件艰苦，但曾是我们快乐工作的地方。我们特别怀念那间棚屋，尽管它日渐破损，但是仍然维持了好几年，我们会时不时回去看看。后来，为了给物理和化学学校建新大楼，棚屋不得不被拆除。我们保留了它的照片作为纪念。忠诚的佩蒂特提前告知我们棚屋即将被拆除，此时我的丈夫已去世，我独自一人前往棚屋做最后的告别。黑板上依旧留着灵魂人物皮埃尔·居里的笔迹，这间简陋的研究避难所充满了他的回忆。残酷的现实仿佛是一场噩梦，我期待着再次看到那个高大的身影出现，听到他那熟悉的声音。

尽管议会投票决定设立新的教授席位，但并没有进一步考虑同时设立对新放射性科学发展至关重要的实验室。因此，皮埃尔·居里保留了物理和化学学校的小型工作室，并获得了当时闲置的一个大房间的使用权作为临时解决方案。他还安排人在院子里搭建了一座由两个房间和一个研究室组成的小屋。

这种妥协不禁让人感到一丝悲哀。这位法国最杰出的科学家，早在20岁时就展现了非凡的天赋，却从未拥有过一个真正适合他工作的实验室。如果他活得更长久一些，或许能够享受到令人满意的工作条件。然而，他年仅48岁便过早离世，依然未能实现这个梦想。我们可以想象，一位热情且无私的科学家，在追求伟大事业的过程中，因持续缺乏必要的实验条件而受到阻碍，是多么的遗憾。我们能够感受到，这么优秀的人才是国家最宝贵的财富，但是这些最优秀人才的天赋、才能和勇气遭到破坏是多么的可惜。

皮埃尔·居里一直非常渴望有一间合适的实验室。1903年，随着他名声大噪，上级决定劝说他接受荣誉军团勋章，但他拒绝了这份荣誉，并坚持他一贯的观点。他在信中写道："请代我感谢部长，但我真的不需要勋章，我更需要的是一间实验室。"

成为巴黎大学的教授后，皮埃尔·居里开始准备一门全新的课程。这个职位让他可以选择自己想讲的内容来授课。他向学生讲授了他特别感兴趣的对称法则、矢量场和张量场的内容，以及这些理论在晶体物理学中的应用。由于这些知识在法国尚未普及，他计划进一步研究这些课程内容，构建完整的晶体物理学课程。此外，他还开设了关于元素放射性的课程，并介绍这个领域的科学发现以及这些科学发现所带来的科学革命。

尽管皮埃尔·居里忙于课程准备，身体状况也不是很好，但是他仍然坚持在实验室工作。随着实验室条件的逐渐改善，他可以接收一些学生在实验室里一起研究。他生前最后发表的研究成果是与A.拉博德合作完成的关于矿泉水和泉水中释放的气体的放射性研究。

当时，他的学术成就达到了巅峰。人们无不钦佩他在物理学理论推理中的严谨性与确定性，以及对基本原理的清晰理解和本能拥有的对现象的深刻感知。这些感知在他毕生的研究过程中不断得到完善。在实验技能方面，他始终表现出色，并且随着实践的增加而日益精进。他像艺术家一样对待那些试制的实验装置，而且乐此不疲。他也喜欢设计和制作新设备，我曾开玩笑说，如果他半年不尝试一次新设计，他便会感到不自在。他天生的好奇心和丰富的想象力使他能够朝着多元化方向发展，改变课题时也能做到得心应手，这是其他人很难做到的。

皮埃尔·居里对发表的研究报告要求诚实、严谨和一丝不苟。他的每一篇论文，无论是形式还是内容，都字斟句酌，力求完美，对表达不清楚的地方，必须弄得无可挑剔才行。他始终坚持不在他认为尚未完全明晰的领域妄下结论。他用以下的话语表达自己的看法：

在探索未知现象的过程中，我们可以提出一些宽泛的假设，然后通过实践经验逐步推进。该方法虽然稳妥，但进展必然缓慢。相反，我们也可以尝试提出一些大胆的假设，先确定现象背后的机理。该方法的优点在于能够启发我们用怎样的实验来证明所提出的大胆的假设，尤其是通过形象化的思考使得推理过程更具体，从而减少抽象性。但同时，我们不能指望通过该方法就能构建出一个完全符合实验结果的复杂理论。精确的假设往往既包含真理，也包含错误。即便其中包含了真理，也只是广泛命题中的一部分，而我们最终还需要回到这个命题上来。

尽管他大胆地提出假设，但是他从不允许自己过早地发表未经验证的结论。他讨厌匆忙发表研究成果，而是喜欢与少数研究者先平心静气地讨论后再说。在放射性研究十分火热时，他甚至希望暂时放弃这个研究领域，回到他中断的晶体物理学研究领域。他还希望深入研究和分析各种理论问题。

在教学方面，皮埃尔·居里认真负责，并不断提升自己的教学水平。他提出了一些关于教育整体方向和教学方法的创新想法，认为这些方法应基于实践经验和自然科学的杰出成果。他希望，一旦教授协会成立，就能采纳他的意见，并发表声明："科学教育必须是中学教育的主要内容。"

"然而，"他说，"这种想法要想实现，可能性并不大。"

遗憾的是，他生命中硕果累累的时期很快便画上了句号。就在他开始期待未来的工作可能比过去要更加轻松时，他那卓越的科学事业却戛然而止了。

1906年，尽管身体有些不适，皮埃尔·居里还是带着孩子们和我一起前往舍夫勒兹山谷过复活节。那两天阳光和煦，我们享受着难得的温馨时光。在亲人的陪伴下，皮埃尔·居里的疲惫似乎得到了一些缓解。他在草地上和孩子们嬉戏，与我分享对孩子们成长和未来的思考。

节日过后，他返回巴黎，参加物理学会的聚会和晚宴。在宴会上，他与亨利·庞加莱相邻而坐，两人就教学方法进行了深入的探讨。宴会结束后，我们步行回家，一路上他还和我分享了他对理想文化的看法。我对他的见解表示赞同，这让他感到十分高兴。

然而，第二天，也就是1906年4月19日，悲剧发生了。他参加了教授协会的会议，与会员们诚恳地讨论了协会未来的目标，但当他离开会议，走在多芬街上时，不幸被一辆从新桥方向疾驰而来的卡车撞倒，车轮从他身上碾过。这场事故导致他脑部受到重创，他就这样突然离世了，人们寄托在这位伟大科学家身上的希望瞬间破灭了。在他的书房里，他从乡间带回来的水仙花依旧盛开着，但他却一去不复返了。

第七章
国家的哀恸

我无意在此渲染皮埃尔·居里猝然离世后家人心中的刻骨哀恸。前文的叙述已足以勾勒出他在父亲、兄长及妻子心中所占据的不可替代的位置。他亦是一位慈爱的父亲，对孩子们怀有温柔的爱意，乐于与她们共度美好的时光。然而，女儿们那时尚且年幼，未能完全理解死亡的重量。她们年迈的祖父与我共同承受着这份撕心裂肺的痛苦，并竭尽所能避免孩子们的童年被这场灾难所笼罩。

皮埃尔·居里遇难的消息犹如晴天霹雳，震惊了法国乃至全球科学界。各国大学校长和教授们纷纷寄来充满深切同情的信件，表达对巨星陨落的哀悼之情。众多外国科学家也相继发来信函和电报。皮埃尔·居里性格低调、内敛，但他凭借卓越的科学成就和高尚的人格魅力，在公众中享有极高的声望。在无数封私人信件中，无论是来自熟悉的朋友，还是来自那些未曾相识的人们，都满载着对他的崇高敬意和深切哀悼。同时，媒体也发表了一系列充满深情和真诚的悼念文章。法国政府送来了慰问信，一些外国元首也发来了慰问电报。法国最璀璨的荣耀之光已然熄灭，人人都深知，这是整个国家的损失。在众多的慰问信和电报中，我摘录以下内容作为例证。这些文字出自三位已故的科学巨匠之手。

贝特罗先生的来信

尊敬的夫人：

我实在无法再拖延，必须向您表达我深切的哀悼，以及法国和外国科学家们对您和我们共同承受的损失的深切同情。我们被这个悲惨的消息深深震惊，仿佛遭受了惊雷闪电的重击。他为科学和人类做出了不可磨灭的贡献，我们原本满怀期待，希望这位杰出的科学家和发明家能继续为我们带来更多的辉煌成就。然而，这一切瞬间消失，成了永恒的记忆。

李普曼先生的来信

尊敬的夫人：

我在旅途中惊闻这个令人痛心的消息，仿佛失去了一位亲兄弟般的挚友。过去未曾察觉，今日才真正明白我与您丈夫的情谊如此深厚。夫人，我与您同样感到悲痛，请接受我最诚挚的慰问。

开尔文勋爵的来信

我对居里先生的噩耗深感悲痛。葬礼何时举行？我们将于明日早晨抵达米拉波酒店。

开尔文勋爵于戛纳圣马丁别墅

为延续皮埃尔·居里的科学理想，巴黎科学院决定由我接替他生前的工作岗位。这份重任让我萌生了一个愿望：希望建立一个高水平的实验室，既能弥补皮埃尔·居里生前未能拥有专业研究场所的遗憾，又能使年轻科学家们继续未完成的探索。

在巴黎大学和巴斯德研究所的共同努力下，镭研究所正式建成。镭研究所内包含居里实验室和巴斯德实验室，分别致力于镭元素的物理、化学特性和镭在生物医学中的应用研究。为永远铭记这位伟大科学家，镭研究所门前的新街道被命名为皮埃尔·居里街。

随着放射性研究及其治疗应用的迅猛发展，现有的镭研究所已难以满足研究需求。科学界已经认识到，法国亟须建设更大规模的镭研究所，才能与英、美等国的科研水平保持同步。我们期待在社会各界的慷慨支持和远见卓识的推动下，不久的将来能建成一个设施更完善、技术更先进的新研究所。这既是医疗事业发展的需要，也将成为我们国家的科学丰碑。

为了纪念皮埃尔·居里，法国物理学会在1908年整理出版了他的科学著作。这部凝聚着科学智慧的巨著由保罗·郎之万和谢纳沃主编，虽然最终成书只有一卷、600余页，却完整地展现了这位天才科学家的思维轨迹。我荣幸受邀为这部著作撰写序言。这部著作完整收录了皮埃尔·居里丰富的研究成果。书页间既跳跃着天才的灵感火花，又铺陈着缜密的实验数据，每个结论都建立在无懈可击的论证之上。行文始终保持着极简的优雅，摒弃一切冗余修饰，其严谨程度至今仍是科学文献的写作典范。遗憾的是，皮埃尔·居里没有将他作为科学家和作家的才华用于撰写更多的长篇论文与书籍。他不是没有这个愿望，实际上，他有几个非常重要的写作计划，但由于他将所有时间用于他的科研工作，始终没有空闲时间，因此未能完成这些计划。遵照皮埃尔·居里的朴素理念，我们在索镇的家庭墓地举行了简单的告别仪式。没有繁文缛节，没有冗长的演讲，唯有他的挚友们默默陪伴，送他踏上通往永恒安息的旅程。他的哥哥雅克·居里缅怀他时，感慨地对我说："他集万千才华于一身，无人能及。"

现在让我们回顾这部传记，试图描绘出皮埃尔·居里的人物形象。他依然坚定地追求自己的理想，以默默无闻的生活和天才般的品格为人类做出了巨大贡献。他始终怀有开拓者的信念，知道自己肩负着重要使命，而他年轻时的神秘梦想不可阻挡地将他推到一条超越常规生活的道路上，他称之为非自然的道路，因为这意味着放弃生活的乐趣。尽管如此，他坚定地将自己的思想和愿望服从于这个梦想，并越来越适应它，越来越与之融为一体。他只相信科学和理性的和平力量，为追求真理而生。他不偏不倚，将同样的忠诚投入事物的研究中，就像他理解他人和自己一样。他超脱于一切世俗的激情，不追求权位，也不追求荣誉。他没有敌人，尽管他在自我克制方面取得了巨大成就，成为那些在历史上各个时期都领先于时代的杰出人物之一。与这些伟人一样，他能够散发出自己的内在力量，对世界产生深刻的影响。

一个如此生活的人，所做的牺牲是巨大的。伟大科学家的实验室生活并非如常人想象般宁静、和谐，更多时候是一场与实验器材、研究环境乃至与自身的艰苦斗争。任何一项重大发现并不像密涅瓦从朱庇特的头颅中一跃而出那样轻而易举，它是无数次失败累积的结晶。即便在创造力迸发的阶段，仍穿插着大量迷茫时刻，如实验反复受挫，物质属性难以捉摸，但是研究者必须努力对抗沮丧的情绪。皮埃尔·居里对待科学始终秉持非凡的耐心，他时常感叹："我们选择的道路的确艰难。"

面对科学家令人钦佩的天赋与他们对人类所做出的伟大贡献，社会又给予了科学家怎样的回报？那些真理的追随者是否获得了必要的研究条件？他们是否享有专注科研的安定生活？皮埃尔·居里等先驱者的经历证明，他们往往缺乏这些条件，而且在他们能够获得适宜的工作环境前，他们不得不在物质困境中耗尽青春和精力。我们这个崇尚财富和奢华的社会，既未真正理解科学作为道德遗产的核心价值，也未充分意识到科学是改善人类生存境遇的基石。无论是公共机构还是私人慈善机构，实际上都未能为科学研究提供资源保障。

在结束语中，我想引用巴斯德的一番崇高呼吁：

愿这个真理广泛传播，深入人心，以便使那些为人类共同利益开辟新天地的先驱者的未来之路能稍微平坦一些。

第八章
皮埃尔·居里评介文章摘选

我从各种已发表的对皮埃尔·居里的评介文章中摘选了一些片段，希望通过这些来自科学界杰出人士的感人之词来补充我的记述。

亨利·庞加莱：

皮埃尔·居里先生是科学界和法国引以为荣的伟人。他正当盛年，本应绽放更璀璨的智慧光芒，过往的成就如同黎明的曙光，预示着更为壮丽的朝阳。我们始终相信，只要生命之火仍在燃烧，它就必将持续照亮人类认知的疆域。在他去世的前一晚（请允许我提及个人记忆），我坐在他旁边，他向我描绘着正在构建的物理蓝图。我对他丰富、深邃的思想钦佩不已，他独特而清晰的思维让物理现象呈现出全新的面貌。那时，我觉得自己更加深刻地了解了人类智慧的伟大。然而，第二天，一切都在瞬间被摧毁了。一场无情的意外以最荒诞的方式残酷地提醒我们：那些盲目地在世界上横冲直撞、不知所终的力量摧毁了一切，而在这种盲目的力量面前，思想是多么的微不足道。

噩耗传来，他的朋友们、同事们立刻意识到他们所遭受的损失有多么巨大，悲伤远远超出了他们的想象。国外许多著名的科学家纷纷表达了对我们这位同胞的崇敬之情。在国内，每一位法国人，无论其知识水平的高低，都感受到国家和全人类失去了一份多么宝贵的财富。

皮埃尔·居里在研究物理现象时，似乎有一种说不清的敏感直觉，这让他能够发现别人未曾发现的微妙联系，并在复杂的谜团中找到正确的方向，而其他人可能会迷失方向。……像皮埃尔·居里这样真正的物理学家，他们不会只停留在自我反思或事物的表面，而是懂得透过现象看本质。

所有与他相识的人都能感受到与他交往的愉悦和舒畅，他身上散发出一种难以言喻的魅力，这种魅力仿佛从他那温和谦逊、天真率真以及敏捷的思维中散发出来。他总是愿意在家人、朋友甚至对手面前礼让三分，因此被我们称为"不善竞争的人"，但在我们这个民主社会中，最不缺的就是竞争者。

谁会想到，如此温和的外表下隐藏着一个坚定不移的灵魂呢？他在原则问题和绝对真诚的道德理想上绝不妥协。他的理想是要求绝对真诚，这对于我们所处的世界来说，或许是太高的要求。他不了解我们那些因软弱而自我安慰的千百种小小的妥协。此外，他从未将对理想的追求与对科学的奉献割裂开来，他以身作则，向我们展示了一种从对真理纯粹的热爱中萌发的崇高责任感。他信仰哪位神明并不重要，重要的是信仰本身可以创造奇迹。

法兰西研究所热内兹博士：

一切为了工作，一切为了科学，这就是皮埃尔·居里一生的写照。他的一生很充实，做出了卓越的贡献，赢得了全世界的敬仰。在他的研究进展顺利，就要全面取得丰硕的成果时，1906年4月19日，一场突如其来的悲剧让一切戛然而止，我们所有人都感到震惊……

他获得的一切荣誉并没有让他迷失自我，他永远是我们这个时代科学史上永不磨灭的杰出人物。他的同辈们在他身上看到了对科学执着而无私追求的精神，很少有人能像他这样过着简单且备受赞誉的生活。

让·佩兰：

皮埃尔·居里，一个被大家尊称为大师的人，也是我们有幸称之为朋友的人，在事业巅峰时期突然离世……我们将通过他的例子来证明，一位杰出的天才如何以真诚、自由和坚定的勇气回馈社会。这种勇气不受任何困难的束缚，也不因任何意外而动摇。我们敬佩他的聪明才智和高尚的品德，他将最高尚的无私和至善至美完美地结合在一起。

那些了解皮埃尔·居里的人都知道，在他身边，我们会感到去工作和去研究的需要被唤醒。我们将尝试通过这种感受来纪念他，并寻求他苍白而英俊的面容背后，那种使所有接近他的人都变得更优秀的神秘力量。

谢纳沃：

为了真正理解我们失去的是什么，我们必须记住皮埃尔·居里对他的学生们所怀有的深厚感情。……我们中的一些人对他怀有深深的敬仰……就我个人而言，除了我的家人，他是我最敬爱的人之一。他知道如何以宽广而温柔的爱去拥抱他的合作者，他的善良连最不起眼的助手都能感受到，他们都对他敬仰有加。当实验室的年轻人听到他突然离世的消息时，每个人都泪流满面，痛不欲生。

保罗·郎之万：

现在我每天都在想他，想到那些与他共度的时光，想到那些我们一起探讨科学、共同思考的岁月。每当这时，我仿佛看到他那温柔的面庞以及他那双明亮的眼睛，那是经过25年实验室工作和俭朴生活雕琢而成的一种形象。

……正是在他的实验室里，那些依然鲜活的记忆总是将他带回我的身边。尽管已经过去了18年，对于与他一同走过那些岁月的我们来说，他几乎未曾改变。当初我在他手下开始实验室学习时，既害羞，又常常显得笨拙。

我仿佛看到了他站在自己设计或改进的仪器中间，熟练地操作着仪器……

我成为他的学生时，他才29岁。10年的实验室生活让他技艺精湛，即使在我们知之甚少的情况下，也可以从他熟练的动作和清晰的讲解，以及他那略带羞怯、从容的态度中学到很多。我们总是怀着难以言喻的喜悦到实验室学习。在那里，跟他一起学习是一件有趣的事。他的身影在那间明亮的、摆满了各种仪器的房间里显得格外亲切。我们常常去实验室向他请教，有时他也会让我们参与一些特别精细的操作。也许我学生时代最美好的记忆，就是站在他身旁的时刻。他喜欢在黑板前与我们交谈，启发我们动脑筋思考问题，激发我们对科学的兴趣。他具有强烈的探索精神且极富感染力，加上知识渊博，我们都很钦佩他。

我搜集这些珍贵的回忆，当作一束鲜花恭敬地放在他的墓前，并向他表达我的尊敬之情。我最大的愿望是让一位人类天才的高尚品格的形象更加光辉闪亮。他完全摆脱了陈旧的枷锁，对理性和真知有着深沉的爱，就像一位被未来真理启迪的先知，成为一个展示自由、正直灵魂的典范。他始终勇往直前，具有刚正不阿的精神。他不随波逐流，每件事情都坚守自己心中的理想。

居里夫人自传

　　历经 25 年研究，我们虽获诸多发现，但仍感任重道远。皮埃尔·居里的笔记与思想，对我们的研究起到了重要指引作用。然而，尽管个人之力微薄，但每个人或许都能捕捉到一丝知识的微光，为人类的真理追求添砖加瓦。这些微光如同黑暗中的小火苗，照亮了宇宙伟大蓝图的轮廓。科学之美在于其精神力量，终将驱散世间的邪恶、无知等阴霾。青年们应怀揣梦想，抛开过往，举起知识的火炬，勇敢探索未知，建造未来的宏伟殿堂。让我们共同追寻真理，照亮前行的道路。

第一章
少女时期

应美国朋友的邀请，我决定写下自己的人生故事。刚开始我觉得这个想法有点奇怪，但后来慢慢被说服了。不过我要提前说明，这既不是一本充满私人情感的日记，也不是事无巨细的流水账。就像老照片会褪色一样，许多心情和事情随着时间变得模糊，有些回忆甚至像是发生在别人身上的故事。但人生总有像河流一样的主线，有贯穿始终的信念和热情，这些才真正塑造了一个人的品格。我的生活并不是一帆风顺的，但希望通过这本自传，能让你们理解我是怎样成长为现在的自己的。

先来说说我的家庭吧。我叫玛丽·斯科洛多夫斯卡，祖籍波兰。我的父亲和母亲都来自波兰的小地主家庭。在我们国家，这类家庭数量众多，拥有中小规模的地产，且家族成员之间交往密切。直至现在，波兰的知识精英大多来自这个群体。

我的祖父一边务农，一边管理一所省立学院，而我的父亲对学术研究特别感兴趣。他在圣彼得堡大学求学，后来在华沙的一所中学担任物理学和数学教授。他娶了一位与他志趣相投的年轻女子。尽管她年纪轻轻，但在当时已经接受了非常扎实的教育，并且是华沙一所顶尖女子学校的校长。

我的父母对自己的事业满怀热忱，他们的学生遍布波兰各地，学生们对他们非常尊敬。即使到了现在，每次我回到波兰，总能碰到那些我父母教过的学生向我倾诉对他们的思念。

我的父母虽然在学校工作，但始终与在农村的家人保持着密切的联系。每当放假，我经常去农村亲戚家住上一段时间，有机会体验美好、自由的田园生活。这种体验与城里人平常到乡村度假截然不同。我深深爱上乡村和大自然，应该是从那时开始的。

1867年11月7日，我出生在华沙，是家中五个孩子中最小的一个。大姐14岁时不幸早逝，我只剩下两个姐姐和一个哥哥。大姐的离世给母亲带来了沉重的打击，她从此一病不起，年仅42岁就离开了我们，留下悲痛万分的父亲和我们几个孩子。当时我才9岁，大哥也不过13岁。这场巨大的灾难是我人生中第一次遭受的最悲痛的事，让我陷入深深的忧郁之中。

我的母亲具有非凡的个性，她才智出众、胸襟宽广、责任心极强。她为人宽容体贴、性格温和，在家中有着极高的威望。母亲是一位虔诚的天主教徒（我的父母皆是），然而她绝无狭隘之心。宗教信仰的差异，从未成为她与人交往的障碍。对于那些与她意见不合的人，她也同样友好相待。她对我的影响极为深远，我对她的爱，不仅源于女儿对母亲的本能情感，更饱含深深的崇敬之情。

母亲离世的阴影如乌云般沉甸甸地笼罩着我们每个人。父亲将全部心血都倾注到工作及对我们的教育上。他的工作责任重大，几乎占据了他所有的时间。多年来，家中缺少了母亲这个主心骨，我们都深深体会到了那份沉重的心情。

我们兄妹几人早早便踏上了求学之路。我那时只有6岁，是班上年纪最小、个头最矮的学生。每当有人来班里参观，我总会被推到讲台前背诵课文。对于生性羞怯的我而言，这简直是一种巨大的折磨。我总想逃离，找个地方藏起来。我的父亲，作为一位优秀的教育家，非常关心我们的学业，并知道如何辅导我们。然而，现实的教育环境却非常糟糕，我们先在私立学校求学，后来却不得不在公立学校完成学业。

那时的华沙正遭受俄国的残酷统治。最令人痛心的是，学校和孩子们受到了无情的压迫。那些由波兰人管理的私立学校，时刻被警察严密监视着。孩子们连波兰语都说不利索时，就被强迫学习俄语。尽管处境艰难，但好在学校里的老师几乎都是波兰人，他们想尽办法，努力减轻残酷的统治给大家带来的种种困境。不过，这些私立学校并没有颁发文凭的权利，只有公立学校才有这个权利。

那些完全被俄国控制的公立学校都是由俄国人当老师，所有课程都用俄语授课，他们对波兰民族充满了敌意，将学生当成敌人看待，其目的是摧毁波兰人的民族意志。那些有道德、有才华的波兰人，几乎不可能在这样的学校里教学，他们无法容忍这种敌视的态度。学生们在这样的环境中很难学到有价值的东西。至于学校里的风气更是让人难以忍受，孩子们时时刻刻都被怀疑和监视，哪怕只是用波兰语聊一会儿天，或是不小心说错了一句话，都可能给自己和家人招来大祸。在这样充满敌意的环境里，孩子们根本感受不到生活的乐趣，心中早早萌生了愤慨的情绪。然而，这也极大地激发了波兰青少年的爱国热情。

虽然我早期的青春被悲伤和压迫的阴霾笼罩着，但是我心中仍然留下了一些愉快的记忆。在我们平静又忙碌的生活中，家人和朋友的欢聚让人兴奋欢快，给我们忧郁的生活带来了希望和慰藉。我的父亲特别热爱文学，不管是波兰诗歌，还是外国诗歌，他都熟记于心。他自己还会写诗，擅长将外国诗歌翻译成波兰文。他写的家庭小诗，总能把我们逗得哈哈大笑。每逢周六晚上，他都会给我们朗诵经典的波兰散文和诗歌作品。那些时光，我们总是特别开心，同时也激起了我们的爱国情感。

自童年时代起，我对诗歌就有浓厚的兴趣，常常主动背诵波兰伟大诗人的长篇文字，尤其是密茨凯维奇、克拉辛斯基和斯沃瓦茨基的作品。当接触到外国文学后，我对诗歌的热爱愈加强烈。在早期教育阶段，我学习了法语、德语和俄语，很快便深入了解了这些语言的优秀文学作品。后来，我意识到英语的重要性，便努力学习英语并阅读其文学作品。

在音乐方面，我的学习能力比较有限。母亲是一位音乐家，有着美妙的嗓音，她希望我们能接受音乐训练。但她去世后，没有了她的鼓励，我很早就放弃了学习音乐，这常常让我感到后悔莫及。

在中学时，我学习数学和物理这两门课程都颇为轻松。遇到问题时，我得到了父亲很大的帮助。他热爱科学，还亲自教授这些课程。他喜欢给我们讲解大自然及其奥秘。遗憾的是，他没有实验室，无法进行实验演示。

假期一直是我们特别期待的日子，我们可以逃离城市里的严密监视，前往乡下亲戚或朋友家中寻求片刻安宁。在那里，我们可以体验到传统家庭庄园里的自由生活。我们在树林中追逐嬉戏，在广袤平坦的麦田里愉快地干农活。有时，我们还会越过被管制的边界，南下至加里西亚的山区。那里在奥地利的政治管制之下，相对宽松一些。在那儿，我们能毫无顾忌地说波兰语、唱爱国歌曲，而不必担心被捕入狱。

我对山的第一印象极为深刻，因为我是在平原上长大的。我尤其喜爱在喀尔巴阡山脉的村庄生活，在那儿，我可以尽情欣赏壮丽的山峰景色，在山谷间和高山湖泊旁远足，那些湖泊有着如诗如画的名字，诸如"海之眼"。不过，在我心中对一望无际的平原和丘陵的眷恋从未消失。

后来，我有幸与父亲一同前往更南边的波多利亚度假。在敖德萨，我第一次见到了波澜壮阔的大海，之后我们沿着波罗的海旅行，那是一段令人兴奋的经历。然而，到了法国，我才真正领略了大海的波涛汹涌和潮汐涌退的壮阔景象。在我的一生中，每当看到大自然的新景象，我总是像孩童般欢呼雀跃。

时光匆匆，我的学校生活悄然落幕。凡是需要动脑子的课程对我来说都比较轻松。我的哥哥斯卡洛夫斯基完成医学院的学业后，成为华沙一家大型医院的主任医生。起初，我的两个姐姐和我都打算追随父母的脚步，从事教育工作。然而，二姐在成年后改变了主意，毅然决定踏上学医之路。她在巴黎大学刻苦钻研，获得了博士学位，并与波兰医生德鲁斯基博士喜结连理。婚后，二人携手在奥地利与波兰交界处风光旖旎的喀尔巴阡地区，建立了一座大型疗养院。我的三姐结婚后，成为沙拉依夫人，在华沙任教多年，全身心投入教育事业，为教育事业做出了巨大贡献。波兰独立后，她在波兰的一所中学当教师，继续为教育事业贡献力量。

我在15岁那年完成了高中学业，在校期间成绩一直名列前茅。但由于长期高强度的学习，身体状况不佳，我不得不在农村休息了将近一年。之后，我回到华沙，待在父亲身边，计划在私立学校开启教书生涯。但是，家庭的实际情况迫使我改变计划。父亲年事已高，身体和精神都大不如前，家里的经济条件也较为拮据，在这种情况下，我不得不重新考虑未来的方向。

于是，我找到一份家庭教师的工作，负责教导几个孩子。就这样，刚满17岁的我离开了熟悉的家，开始独立生活。那次离别，至今仍深深烙印在我的青春记忆里，成为我最难以忘怀的记忆。我登上火车的那一刻，心情格外沉重。火车缓缓启动，它将载我行驶数小时，带我离开深爱的家人和朋友。火车旅程结束后，我还得换乘马车，再颠簸5小时才能到达目的地。等待我的将是怎样的生活？又会有怎样的经历？我静静地坐在车窗边，望着窗外广袤无垠的平原，心中满是疑惑与不安。

我前往的那个家庭，男主人是一位农夫。他最大的女儿和我年龄相仿，虽说名义上她是我的学生，可实际上她更像我亲密无间的伙伴。此外，还有两个年幼的孩子，一男一女。在教学过程中，我和学生们关系很好，课程结束后，我们常常一起漫步在乡间小路上。我热爱乡村生活，从未感到孤单。这个乡村的景色虽称不上特别好，但有着质朴的魅力，四季更替，各有韵味，每一次变化都能给人带来不一样的喜悦。我对当地农场的农业发展很感兴趣，这里先进的耕作方法被视为该地区的典范。我逐渐了解田间作物的种植技术，并密切关注着植物的生长情况。此外，我还十分熟悉农场马厩里的每一匹马，它们的脾性我都一清二楚。

到了冬天，整个广袤的平原被厚厚的白雪覆盖，别有一番风情。这时，我们会开启充满欢乐的长途雪橇之旅。有时，大雪纷飞，视线受阻，我们几乎看不见道路。"小心沟渠！"我总会紧张地对车夫喊道。"你要冲进河沟了。"我焦急地警告说。但车夫总是自信满满地回答："别担心！"结果，话音未落，我们就翻车了。不过，这些小意外非但没有破坏我们的兴致，反而为旅程增添了别样的乐趣。

我仍清晰地记得那个冬天，田野里的积雪格外厚实，我们齐心协力搭建了一座奇妙的雪屋。我们便坐在屋内欣赏那片被玫瑰色晚霞渲染的雪原，如梦如幻。我们还在冰封的河面上尽情滑行，不过也时刻焦急地留意天气变化，生怕冰层破裂，让这份乐趣戛然而止。

由于辅导学生并未占据我全部时间，我便为村里那些在俄国管制下无法接受教育的孩子们开设了小课堂，使用波兰语的课本讲课。主人家的大女儿主动协助我，我们教小孩阅读、写作。孩子们的家长对我们非常感激。但说实在的，我得承担一定的风险，因为任何此类自发的教育活动都被政府明令禁止，一旦被发现，就有可能被捕入狱，或被流放到遥远的西伯利亚。

晚上的时间，我通常用来自学。我听说有些女性在彼得格勒或其他国家成功研修了一些课程，便决心以她们为榜样，通过前期的努力，为未来的深造做准备。

那时，我对文学和社会学的兴趣丝毫不亚于对科学的热爱，一时难以抉择未来的方向。然而，在那些独自钻研的岁月里，我不断探索，逐渐发现自己真正喜欢的是数学和物理，最终坚定地朝着数学和物理的方向发展。我计划前往巴黎求学，期望能够积攒足够的钱，以确保自己在巴黎生活和工作一段时间。

独自求学之路布满了荆棘。我在高中接受的科学教育非常有限，远不及法国高中的课程水平。我尝试通过阅读一些书籍来缩小这个差距，这种方法的效果虽不显著，但并非一无所获。在这个过程中，我养成了独立思考的习惯，并学到了不少对我未来大有裨益的知识。

当我的二姐决定去巴黎学医时，我不得不重新规划我的未来。我们曾经许诺要相互帮助，但当时的经济状况不允许我们同时去巴黎求学。于是，我又继续在农庄主人家里待了三年半，一直把我的学生的学业教完。之后，我回到了华沙，当时有一个类似的工作在等着我。

我在这个新的工作岗位上只待了一年，便回到了退休不久、独自生活的父亲身边，我们一起度过了美好的一年。这期间，他从事一些文学创作，而我则继续当家庭教师补贴家用。与此同时，我也没有放弃自学。在被管制下的华沙，要实现自己的梦想并非易事，但相比乡下，这里的成功概率还是高一些。让我欣喜万分的是，我生平第一次有机会进入实验室，那是一个由我表哥管理的小型市立物理实验室。我只有在晚上和周末才有空去实验室，而且大多数时候都是我独自在那里。我尝试按照物理和化学论文中描述的步骤开始实验，结果常常出人意料。有时，一个意想不到的小小的成功都会让我备受鼓舞；有时，由于经验不足而失败会让我陷入深深的沮丧中。我深知，成功的道路漫长且艰难，但是初次的尝试更加坚定了我对物理和化学实验研究的信念。

我在华沙还加入了一个充满活力的青年社团，获得了更多的学习机会。社团成员组织起来进行学习，同时开展一些社会活动和爱国活动。这些青年把国家的未来寄希望于提高民族智力和精神力量，并坚信通过努力，国家的现状一定能得到改善。他们认为，当前首要任务是努力学习、提升自我，并尽力为工人和农民普及相关知识。因此，大家决定开设夜校，每个人负责讲授自己擅长的内容。不用说，这个组织是秘密运作的，开展活动困难重重。社团中有许多热忱的年轻人，我至今仍相信，他们未来一定能做出一番真正有意义的事业。

我清晰地记得，大家在一起相互鼓励、相互切磋的场景是多么的美好。诚然，由于活动的方式比较简单，社团并没有取得很大的成效，但是我始终相信，当时激励我们的那些坚定信念是推动社会实现真正进步的动力，这是通往更加美好未来的必经之路。若不提升个人的素养，便无法构建一个更加美好的世界。为此，我们每个人都必须努力提升自己，共同肩负起全人类的责任。我们的特殊使命就是帮助那些我们认为能够给予帮助的人。

这段时期的经历使我更加坚定了今后学习、深造的决心。当时，尽管家境并不富裕，我亲爱的父亲也竭尽所能帮助我实现心中的愿望。我的二姐在巴黎刚结婚，便决定让我去那里和她同住。我们父女二人都期盼着待我学业有成，就能再度团聚，共享天伦之乐。然而，命运的安排总是出人意料，我的婚姻让我留在了法国。父亲年轻时也曾怀揣着科学梦想，我后来在法国取得的成功，使远在华沙的父亲深感慰藉。父亲的慈爱与无私，至今仍温暖着我的心。父亲后来与已婚的哥哥生活在一起，他是一位慈祥的祖父，悉心照顾着哥哥的孩子们。1902年，我们痛失父亲，那时他刚过70岁。

1891年11月，24岁的我终于实现了多年来的梦想。我如愿抵达了巴黎，二姐和二姐夫热情地迎接我，但我只在他们那里短暂居住了几个月。他们住在巴黎郊区，二姐夫正忙于他的医疗事业，而我则需要就近住宿。最终，我和许多波兰留学生一样，搬进了一间简陋的小屋，并为自己添置了一些简单的家具。在随后的四年学生生涯中，我一直过着俭朴的生活。

那些年赋予我诸多宝贵的经历，实在难以一一述说。我完全沉浸在知识的海洋中，尽情享受着求知的乐趣。尽管生活条件并不富裕，积蓄微薄，家人也无法给予我更多经济支持，但我并不觉得孤单，许多我所认识的波兰留学生都有着相似的经历。我居住的阁楼，一到冬日便寒风刺骨，只有一个小炉子取暖，但常常因为缺少煤炭而无法取暖。在特别寒冷的冬夜，水盆里的水都会冻结成冰。为了能勉强入睡，我不得不将所有的衣物都压在被子上。就在这间小屋里，我用酒精灯和几件厨具准备着自己的餐食。为了节省开支，我常常是几片面包和一杯巧克力，或是几个鸡蛋和一个水果充饥。我独自处理家务，我烧的那点煤炭，也是自己搬上六楼。

尽管这样的生活颇为艰辛，但我却乐在其中，它让我真正体验到了独立生活。在巴黎这座繁华都市里，我独自生活在自己狭小的空间里。偶尔袭来的孤单，也无法掩盖我内心的平静，精神上十分满足。我的全部心思都放在学业上，尤其是刚开始的时候，学习上遇到了一定的困难。实际上，我在波兰所学的基础知识薄弱，虽然我也做了一些准备，但是与法国同学相比，还有很大的差距，尤其在数学方面，我必须弥补这个差距。我将时间合理分配为课程学习、实验工作和图书馆学习三大块。晚上，我在小屋里埋头苦学，有时会一直奋战到深夜。眼前接触到的新知识、新事物让我兴奋不已，仿佛一个全新的世界为我敞开了大门。我终于可以毫无束缚地去探索科学的奇妙世界。

学生时代，我与同学们建立了深厚的友谊。一开始，我还有些拘谨和羞涩，但不久我便发现，这些同样全身心投入学业的同伴们，都愿意向我伸出友谊之手。我们围绕学术问题展开热烈讨论，不仅加深了对相关议题的理解，还让我们的学习热情愈加高涨。在波兰学生群体中，尽管难以找到和我研究领域相同的伙伴，但我们之间始终有一种特殊的亲近感。我们偶尔会相聚在简陋的宿舍，一起探讨国家大事，以此来排遣身处异国他乡的孤独感；我们也会一起散步，或参加一些公众活动，政治是我们共同关心的话题。然而，随着第一年学业的结束，我意识到我必须将全部精力投入学习中，才能尽快完成我的学业，于是我不得不减少这些社会活动。假期大部分时间我都用来钻研数学。

我的不懈努力最终获得了回报，我不仅弥补了之前教育背景的不足，还与其他学生一同顺利通过了各项考试。1893年，我以第一名的优异成绩获得了物理学学业证；1894年，又以第二名的成绩获得了数学学业证。后来，二姐夫回忆起我在那些艰苦条件下拼搏的岁月，戏称那是"我小姨子生命中的英雄时期"。对我而言，那些孤独而专注的学习岁月是我人生中最美好的记忆，最终让我开启了梦寐以求的科学探索之旅。

1894年，我第一次遇见了皮埃尔·居里。当时，一位在弗里堡大学任教的波兰同胞来拜访我，并邀请我去他家，说要介绍一位他熟知并颇为赞赏的年轻巴黎物理学家与我见面。我走进房间，看到一位身材高大的青年站在通往阳台的法式窗户前，他有着赤褐色的头发，双眸清澈而深邃。他脸上庄重又温和的表情，以及摆出一副正在沉思的姿势，一下子就吸引了我。他对我热情而真诚，给我留下了极为深刻的印象。初次见面后，他表示希望能与我再次相见，继续那晚我们讨论的科学和社会问题。这些问题我们都非常感兴趣，我们的看法也十分相似。

没过多久，他来到学生宿舍找我，我们很快成了挚友。他向我讲述自己忙碌而充实的生活，描绘了一个将全部生命都献给科学的理想。不久之后，他恳切地希望我能与他一道追寻这样的理想。然而，这个请求让我踌躇不决，因为这意味着我或许要离开我的祖国与家人。

放假的时候，我回到了波兰，心中依旧很矛盾，不知是否还会回到巴黎。然而，命运早已悄然地为我安排好了一切。那年秋天，我再次回到巴黎，继续我的学业。我进入了巴黎大学的一间物理实验室，开始为博士论文开展实验研究。我又见到了皮埃尔·居里，共同的工作让我们彼此的关系日益亲密。最终，我们都认定，彼此就是真正能够相伴一生的人。于是，我们决定结婚，并于1895年7月举行婚礼。

那时，皮埃尔·居里刚刚获得博士学位，并被任命为巴黎市物理和化学学校的教授。他当时36岁，已是一位在法国乃至国际上颇有名气的物理学家。然而，他一门心思扑在科学研究上，不太在意自己事业的发展，物质生活十分俭朴。他和年迈的父母住在巴黎郊区的赛佐。他深爱着他的父母，第一次向我提起时，用"可敬可爱"一词来形容他的父母。

事实也确实如此。皮埃尔·居里的父亲是一位资深的医生，他知识渊博、性格刚毅。他的母亲则是一位非常优秀的女性，为丈夫和儿子们付出了很多。皮埃尔·居里的哥哥雅克·居里当时是蒙彼利埃大学的教授，一直是皮埃尔·居里最亲密的朋友。我很荣幸加入了这个令人尊敬和喜爱的家庭，在这里，我受到了最热烈的欢迎与关爱。

我们的婚礼十分简单。婚礼当天，我没有穿特殊的礼服，仪式上只有几位朋友出席。不过，令我们欣喜的是，我的父亲和二姐特意从波兰赶来参加婚礼。

我们所求不过是一处安静的居所，既能作为安稳生活的港湾，又方便我们全身心投入工作。幸运的是，我们找到了一套拥有三个房间的小公寓，从窗外望去，是一片美不胜收的花园景致。室内的一部分家具是双方父母买的，亲戚们送的礼金可以让我们购置两辆自行车。闲暇时光，我们便骑行去乡下，享受大自然的宁静与美好。

第二章
婚后时光

步入婚姻殿堂后，我的生活掀开了全新的篇章，这与我过去的独居生活大相径庭。我和丈夫因深厚的情感与共同的事业而紧密地联系在一起，几乎时刻相伴。因为我们很少分离，所以我手上仅有为数不多的几封他的信件。丈夫将他从教学工作中挤出的所有时间，都投入了他所在学校的实验室工作中，而我也有幸获得了与他并肩工作的机会。

我们的居所靠近学校，往返几乎花不了多少时间。但我们的经济并不宽裕，所以大部分家务，尤其是做饭，都得我亲自承担。协调好这些家务与科研工作并非易事，不过凭借坚定的意志，我还是尽力兼顾到了。最重要的是，在这个温馨的小家里，我们享受着独处带来的宁静与亲密，这种感觉让我们无比惬意。

那时，我决定参加教师资格考试，以便将来在女子中学任教，所以即便在实验室忙碌工作，我仍需抽时间去学习一些课程。1896年8月，经过数月的精心准备，我在考试中以优异的成绩顺利通过了考试。

在紧张的实验室工作之余，我们主要的消遣方式是前往乡村散步或骑自行车到乡下游玩。我的丈夫非常喜欢户外活动，对森林和草原上的动植物有着浓厚的兴趣。巴黎郊区的各个角落，几乎都有他熟悉的身影，没有一处是他不了解的。他热爱乡村，而这些远足对我而言，同样也是一种享受，能让我们紧绷的头脑从科研工作中解脱出来。每次出行，我们常常会采摘一束束鲜花，满心欢喜地带回家。有时，我们沉醉于旅途的美好，完全忘记了时间，直到夜深人静才踏上归途。我们也会定期去探望皮埃尔·居里的父母，他们始终为我们保留着专属的房间。

假期里，我们便会骑自行车开启长途旅行。我们曾穿越奥弗涅和塞文山脉，最终抵达海滨城市。一整天的长途骑行，让我们尽情领略了沿途的风景。每到夜晚就能抵达一个新的地方，这种生活体验让我们乐此不疲。不过，倘若我们在一个地方停留得太久，我的丈夫就会按捺不住对实验室的思念，迫不及待地想回去。有一年假期，我们还去喀尔巴阡山区看望过我的家人。为了这次旅行，我的丈夫还学了几句波兰语。

但毋庸置疑，科学研究始终是我们生活的重中之重。我的丈夫对自己所教的课程一丝不苟，仔细地备课，而我也会在一旁给予他帮助。在这个过程中，我自己也收获颇丰，学习上得到了很大的提升。然而，我们大部分时间还是用于实验室研究。

那时，我的丈夫还没有一个属于自己的独立实验室。虽然他能够使用学校的实验室开展研究，但却不能满足他的研究需求。后来他在物理和化学学院找到一个尚未被使用的房间，建立一个简陋的实验室，这才有了更多的自由。从他身上，我学到了一个道理：即使在条件非常简陋的环境中，一个人也能全身心投入工作，并且从中获得愉悦与满足。当时，丈夫正专注于晶体研究，而我则研究钢的磁性。这项研究工作于1897年完成，并顺利地发表了论文。

这一年，我的大女儿出生了，这给我们的生活带来了翻天覆地的变化。几周后，皮埃尔·居里的母亲去世，他的父亲则搬来和我们一同居住。我们在巴黎郊区租了一所带花园的小房子，此后，这里便成了我们的家，一直住到我的丈夫离开人世。

如何在照顾女儿伊雷娜和操持家庭的同时继续我的科学研究，成了摆在我们面前的一个问题。对我而言，放弃科研是极其痛苦的一件事情，而我的丈夫更是从未有过让我放弃科研的念头。他常说，他娶了一位与他志同道合、命中注定的妻子，无论如何都要携手同行。我们都无比珍视科研事业，绝不会轻易放弃。

居里夫妇的合影

　　当然，为了平衡家庭与工作，我们雇了一位帮手，但在照顾孩子的事情上，我依旧亲力亲为，不愿错过孩子成长的每一个瞬间。每当我因工作外出时，孩子便由皮埃尔·居里的父亲照看。皮埃尔·居里的父亲对这个小孙女特别宠爱，伊雷娜的到来也让他的生活重新充满了活力与温暖。正是这种浓浓的家庭凝聚力，让我得以兼顾工作和家庭。只有在孩子生病等特殊情况下，连续的不眠之夜才会打破我们原本平静、有序的生活节奏。

　　我们的生活远离了世俗的喧嚣与社交应酬，平日里，我们只与几位科研同行保持联系。我们常常会在家中或花园里交流科研心得，我有时也会趁着交流的间隙，忙着为女儿缝制衣物。我们与丈夫的哥哥一家也保持着亲密无间的关系。只是，我与娘家人分离两地，我的姐姐已随丈夫离开巴黎，回到波兰生活，我心中难免思念与牵挂。

　　正是在这种宁静、有序且完全按照我们的意愿安排的生活模式下，我们开启并完成了一项伟大的事业。这项事业始于1897年，从未中断过，成为我们一生中最重要的科研成就。

　　那时，我已确定了博士论文的主题。当时，亨利·贝克勒尔正在开展稀有金属铀盐的有趣实验深深吸引了我。亨利·贝克勒尔发现，将一些铀盐置于黑纸覆盖的感光板上，感光板会发生反应，就如同被光线照射一般。这种现象是由铀盐发出的特殊射线产生的，与普通发光射线不同，这些特殊射线能够穿透黑纸。亨利·贝克勒尔还证实，这些特殊射线能使静电计放电。起初，他以为铀射线是在铀盐暴露于光线下产生的，但后续实验表明，即使在黑暗中保存数月的铀盐仍然能持续放射出这种特殊的射线。

　　我和丈夫对这种全新的现象兴奋不已，我立即决定开展专门研究。在我看来，这无疑是一个极有前景的研究领域。我认为首要任务是对这种现象进行精确测量。为此，我决定利用特殊射线能使静电计放电的特性来进行测量。不过，我并没有使用普通的静电计，而是采用一种更精密的设备。我用于首批测量的设备，现在仍存放在费城医学院。

没过多久，我便获得了有价值的实验成果。我的测量表明，无论铀盐处于什么样的物理或化学状态，其发出的射线都是铀的原子属性。任何铀盐，所含有的铀元素越多，它放出的射线就越强。接下来，我想进一步弄清楚是否还有其他物质具有铀这种特性，很快便发现含钍的物质也呈现出类似的特性，并且这种特性同样取决于钍的原子属性。正当我准备深入研究铀和钍的放射性时，一个新奇有趣的现象闯入了我的视野。

有一次，我对一些矿物展开检查，其中部分矿物显示放射性，它们同时含有铀或钍。如果这些矿物的放射性与其含有的铀或钍的含量成正比，那便不足为奇。但实际情况并非如此，一些矿物的放射性强度竟是铀的3～4倍。我仔细查核了这个令人惊讶的事实，其真实性确凿无疑。思考这个现象背后的原因，我认为似乎只有一个解释：这些矿物中一定存在某种未知的、放射性极强的元素。我的丈夫十分认同我的看法，于是我提议立即寻找这种未知的元素，并坚信通过我们的共同努力，很快就会有收获。那时，谁都未曾料到，我们一旦开始这项工作，就将踏上一条全新的科学研究之路，它将贯穿我们此后的人生。

当然，起初我并没有期望在大量矿物中发现新元素，毕竟这些矿物已经被相当精确地分析过了。但我觉得矿物中可能存在至少百分之一的未知元素。然而，随着研究的逐渐深入，我们愈加清晰地意识到，这种新的放射性元素的含量微乎其微，但其放射性必定极其强大。

倘若一开始我们就清楚寻找的新元素的实际含量很少，我们是否还会继续坚持研究？这没人能给出确切答案。但可以肯定的是，工作的持续进展让我们全身心投入了这场充满激情的探索之中，面临的困难也在不断增加，可我们始终没有放弃。历经数年的艰苦努力，我们才成功分离出后来广为人知的新物质——镭。以下是我们寻找和发现镭的过程。

起初，我们对这种未知元素的化学特性一无所知，只知道它会发出射线，因此我们只能通过射线来寻找它。我们首先分析了来自圣约阿希姆塔尔的沥青铀矿。除了采用常规化学分析方法，我们还用精密的电学设备检测其不同部位的放射性，这种方法成为一种全新的化学分析方法的基础。随着研究的不断深入，这种研究方法不断被改进和完善，进而帮助我们发现了许多放射性元素。

短短几周，我们便确信自己的预测是正确的，因为未知的新元素的放射性正在有规律地增强。几个月后，我们便从沥青铀矿中分离出一种比铀更活跃的元素，它与铋混合在一起，并具有明确的化学特性。1898年7月，我们对外宣布了这种新元素的存在，并称之为钋，以纪念我的祖国波兰。

在研究钋的同时，我们还发现，从沥青铀矿里分离出来的钡中伴随着另一种新元素。经过几个月更加细致的研究，我们成功分离出第二种新元素，后来才知道它比钋更重要。1898年12月，我们宣布了这种新元素的存在，并将其命名为镭。

虽然我们已经察觉到这些新元素的存在，但是大量关键工作仍亟待完成。因为我们只是利用放射性的特性从铋和钡中发现微量的新元素，接下来的任务就是将它们分离提纯。于是，我们即刻着手开展这项工作。

我们开展此项工作的设备极为简陋，而且还需要对大量矿石进行精细的化学处理。我们既缺少资金，又没有合适的实验室，还得不到任何人力援助，这如同白手起家，从头开始。如果说我早年的求学时光被我姐夫称为人生的英雄时期，那我可以毫不夸张地说，我与我丈夫一起从事这项研究的时期，才是我们共同生活中真正的英雄时期。

通过实验分析我们发现，圣约阿希姆塔尔的铀处理厂在加工沥青铀矿时，镭极有可能残留在废渣中。幸运的是，在奥地利政府的许可之下，我们成功获取了一些当时被视为毫无价值的废渣，打算用它们来提取镭。当那些用袋子装满的混有松树针叶的褐色灰土的废矿渣被送到我们面前时，我的内心满是喜悦。尤其是当我们发现，这些废渣的放射性竟然超过了原始矿石时，这份喜悦更是难以言表。真庆幸这些废渣没有被随意丢弃或处理，而是被堆放在工厂附近的松树林里。后来，奥地利政府在维也纳科学院的建议下，以极其低廉的价格卖给我们数吨类似的废渣。直到收到美国妇女赠送的珍贵的1克镭之前，我就是利用这些废渣在实验室里制备镭的。

物理和化学学校无法为我们提供合适的实验室，但在没有更好选择的情况下，校长允许我们使用一间废弃的棚屋，这里曾经是医学家的解剖室。棚屋的屋顶破旧不堪，根本无法完全遮风挡雨。夏天酷热难受，冬天寒冷刺骨，仅靠一个铁炉子勉强取暖，但也仅限于炉子周边有点热气而已。

我们没办法配备化学家常用的标准设备，只有几张破旧的松木桌子，桌子上面摆放着炉子和煤气灯。但凡遇到会产生刺激性气体的化学操作，我们都不得不移步到旁边的院子里进行。即便如此，那些气体有时还会弥漫整个棚屋。就是在这样的恶劣环境下，我们开始了繁重的研究工作。

　　尽管如此，我们在这个破旧的棚屋里度过了生命中最美好、最快乐的时光。很多时候，为了不中断某个特别重要的操作步骤，我不得不在棚屋里准备午餐来充饥。有时候，我会利用一整天时间，用一根几乎和我体重相当的沉重铁棒搅拌沸腾的沥青铀矿。一天下来，我已是筋疲力尽。还有些时候，我又必须对数量较少的一点物质进行非常精细的分级结晶，为的是将铀浓缩。我时常因为无法保护那些珍贵的实验品，使其免受铁屑和煤尘的侵扰而感到烦恼不已。在这种宁静、专注的研究氛围里，工作正在取得实际进展，而且还有希望获得更好的结果，这一切让我们很激动。但有的时候，在经历一些失败的尝试后，我们会感到沮丧失落，但这种情绪不会持续太久，我们很快便会重新振作起来，再次全身心地投入研究工作中。我们也会在休息的时候，在棚屋的周围散步，一边走，一边讨论我们的研究工作。

　　夜晚走进我们的实验室也是一种乐趣。那时，实验室四周都是我们做实验的器皿，这些器皿散发出微弱而神秘的光芒。这是一种美丽的景象，每次看到都让我们感到很新奇。那些发光的试管仿佛神话中的神灯的光芒，如梦如幻。就这样，几个月的时间悄然流逝，我们的努力从未因短暂的假期而中断。我们不断获得更完整、更有力的证据，我们的信念因此也更加坚定，我们的研究也逐渐被更多人知晓。我们不仅可以购买更多的废渣，而且能够在工厂里进行一些前期的粗加工，如此一来，便能腾出更多时间，专注于精细的后期处理工作。

　　在这个阶段，我全身心投入镭的提纯工作中，而我的丈夫则专心研究这些新元素所发出的射线的物理特性。直到我们处理完1吨沥青铀矿的废渣后，才能得出明确的实验结果。我们如今已然知晓，即使是最优质的矿石，每吨原料中也仅有几分克的镭。

居里夫妇正在实验室开展研究工作

历经无数个日夜的艰苦钻研，我们终于迎来了关键的时刻。我们分离出来的物质终于显示出元素具有的特性。这种物质就是镭，它具有独特的光谱特征。我们还成功地测定了它的原子量，其数值远远高于钡。我们是在1902年获得这些结果的。那时，我手中仅有1分克极为纯净的氯化镭。我们耗费了将近四年的宝贵时光来证明镭确实是一种新元素。倘若当时我们能拥有更理想的科研条件，或许只需一年便可完成这个目标。这项倾注了大量心血的研究工作，为放射性这门科学奠定了坚实的基础。

随后几年，我再接再厉，又成功制备了几分克纯净的镭盐，并更精确地测定出它的原子量值，甚至还成功分离出纯镭。不过，1902

年无疑是具有里程碑意义的一年，正是在这一年，镭的存在及其特性得到确认。回想起那段岁月，我们曾心无旁骛地投身于研究工作，连续奋战数年，但时光流逝，周围的环境也悄然发生了变化。1900年，我的丈夫收到日内瓦大学教授职位的邀请，同时，他也获得了巴黎大学助理教授的职位，而我则获得了塞夫勒女子高等师范学校的教授职位。经过慎重考虑，我们最终选择留在巴黎。在女子高等师范学校任教期间，我对教学工作满怀热忱，并想方设法完善学生的实验室课程。这里的学生年龄大约20岁，都是经过严格的考试才被录取的，进入学校学习后，仍需付出极大的努力，才能达到成为一名教师所要求的那些条件。这些年轻女性对知识充满渴望，对于我来说，能够指导她们学习物理，这是一件充满乐趣的事情。

然而，随着我们发现镭的消息公之于众，名声渐起，以致我们实验室的宁静被扰乱，我们的研究工作也受到干扰。1903年，我顺利完成了博士论文，并成功获得了博士学位。同年底，诺贝尔奖委员会授予亨利·贝克勒尔、我的丈夫和我诺贝尔物理学奖，以表彰我们在发现放射性及新放射性元素方面所做的卓越贡献。

这一重大事件极大地提升了公众对我们工作的关注度。从那以后，往日的宁静一去不复返，每天都有络绎不绝的来访者，还有各种讲座邀请和撰写文章的要求，这些纷扰彻底打乱了我们原本平静的日常生活。

众所周知，诺贝尔奖无疑是一项至高的荣誉。与普通的科学奖项相比，该奖项所提供的物质支持要丰厚得多，这为我们后续开展研究提供了极大的帮助。但是，由于长期过度劳累，我和丈夫的健康状况都很差，直到1905年，我们才有机会前往斯德哥尔摩。在那里，我的丈夫发表了诺贝尔奖获奖感言，我们受到了当地民众的热烈欢迎。

1903年获得诺贝尔奖的居里夫人

　　长期以来，超负荷的工作强度早已超越了我们身体所能承受的极限，再加上研究条件一直不尽如人意，我们身心俱疲。公众的不断打扰更是让情况雪上加霜，我们原本安静的隐居生活被彻底打破。对我们而言，这是一种真正的痛苦，其影响之恶劣，如同一场巨大的灾难，严重干扰了我们的工作和生活节奏。正如前文所言，我们必须不受外界的任何干扰，才能维持家庭生活和科学研究工作。虽然那些前来探访我们的人是善意的，但是他们实在无法理解我们在开展研究工作时所面临的特殊条件与困境。

　　1904年，我们的小女儿伊芙出生了，她给我们的生活带来了新的喜悦和期待。我也不得不中断实验室工作，将更多的精力放在照顾孩子上。同年，由于诺贝尔奖的授予和公众的广泛认可，为表彰我的丈夫在科研领域的杰出贡献，巴黎大学新设立了一个物理学教授席位并授予我的丈夫。同时，我被任命为专门为我丈夫建立的一个实验室的负责人。然而，实验室后来并未建成，我们只能暂时使用临时腾出的房间来开展工作。

1906年，就在我们即将告别那间虽简陋却承载了无数幸福回忆的棚屋实验室，开启新的科研征程时，一场可怕的灾难毫无征兆地降临了。我的丈夫永远地离开了我们，这突如其来的变故，让我瞬间陷入无尽的悲痛之中。我不仅要独自承担起抚养孩子的重任，还要继续我们未竟的研究工作。

我实在难以用言语来形容失去生命中最亲密的伴侣和最好的朋友对我造成的巨大冲击与深远影响。那是一种深入骨髓的痛，我几乎被这种沉重的打击压垮了，一度感觉自己无法面对未来的生活。然而，丈夫生前的话语始终在我的耳边回响，他曾说过，即便他不在了，我也应当坚定不移地继续我们共同热爱的事业。

公众才刚刚知道与他名字密切相关的重大科学发现，他就去世了。这个噩耗让公众，尤其是科学界，深感这是国家的重大损失。为了表达深切的惋惜与敬重之情，巴黎科学院做出了一个前所未有的决定——让我接替丈夫曾经担任的教授席位。要知道，他在巴黎大学担任教授仅仅一年半。这个决定无疑是对我的研究表达了至高的敬意，并为我提供了继续开展研究的宝贵机会，否则，我们多年来的研究或许会就此中断。我从未期望获得这样的荣誉，我唯一的梦想，不过是能够心无旁骛、自由自在地为科学事业贡献自己的力量。然而，这份荣誉却在如此残酷的情况下到来，这让我内心倍感痛苦，满心都是无法言说的哀伤。

同时，我也在思考自己是否能够承担起这样重大的责任。经过一段时间的考虑，我最终下定决心去迎接这个挑战。于是，1906年，我开始在巴黎大学担任助理教授。两年后，我正式晋升为教授。

在全新的生活境遇中，生活的重担明显变得更加沉重了。曾经与丈夫共同承担的责任，如今全部落在了我一人肩头。年幼的孩子需要我无微不至的关怀与呵护，幸好皮埃尔·居里的父亲依然与我们生活在一起，他十分乐意分担这份责任。他格外享受与孙女们相处的每一刻，而孩子们的陪伴也是他在痛失儿子后最大的慰藉。

在我们的共同努力下，孩子们得以在一个充满爱的家庭中茁壮成长。我和皮埃尔·居里的父亲都承载着难以言说的悲伤，孩子们年纪尚小，还无法完全理解这份深沉的情感。皮埃尔·居里的父亲一直向往乡村生活，于是我们在巴黎郊区的索镇找到了一处带花园的住所，离市中心大约半小时的路程。

居里夫人与她的女儿们

乡村生活确实有诸多好处，皮埃尔·居里的父亲能够尽情享受新环境的宁静与美好，尤其是他可以精心打理他心爱的花园。我的女儿们也可以在乡间自由自在地嬉戏玩耍，但这也意味着孩子们与我相处的时间相对减少，彼此之间的距离变远了。因此，我必须为她们聘请一位家庭教师。最初由我的堂姐当我女儿的家庭教师，后来由一位尽职的女士接替，这位女士曾悉心照顾过我姐姐的女儿。她们都是波兰人，在她们的影响下，我的女儿们也学会了波兰语。远在波兰的亲人们时常会来探望我，在我悲伤难过的时候给予我安慰与支持。我们会在假期时相聚，有时在法国的海边，感受大海的辽阔与温柔；有时在波兰的山区，领略山峰的雄伟与壮丽。

1910年，命运再次给了我们沉重一击，我们又遭受了失去敬爱的公公的痛苦。他长期饱受病痛的折磨，那段日子，我经历了无数个悲伤难捱的日夜。我尽可能地守在他的床边，静静地倾听他回忆往昔的岁月。他讲述的趣事深深影响了我的大女儿，那时她12岁，已经懂得珍惜与爷爷共度的快乐时光。

在索镇，女儿们获取的教育资源相当有限。小女儿年纪还小，此时最需要的是健康的生活环境、充足的户外散步时间和最基础的学校教育。她已经展现出思维敏捷的特质，并且对音乐有着独特的天赋，而大女儿在思维方式上更像她的父亲。她虽然不是反应最敏捷的孩子，但已经能够看出她具有较强的推理能力，并且对科学充满了浓厚的兴趣。她曾在巴黎的一所私立学校接受过训练，但我并不希望她在公立中学学习，因为我始终认为，这些学校的课时太长，繁重的课业负担不利于孩子的身心健康。

在我看来，教育孩子应该充分尊重他们的成长规律和身体发育需求，同时应该留出足够的时间培养他们的艺术修养。在当时大多数学校里，孩子们用于阅读、写作等练习的时间太多，回家后还需要完成繁重的学习任务。我还发现这些学校普遍缺乏与科学研究相关的实践练习，这对于培养孩子的综合能力是十分不利的。

在学术界，有几位志同道合的朋友与我持相同的观点。于是，我们共同组织了一个合作小组，小组成员各自负责教孩子特定的科目。尽管我们每个人都十分忙碌，孩子们年龄也参差不齐，但这个小小的教育实验充满了趣味。通过精心设置的课程，我们成功地将科学与文学有机融合，形成了一种理想的文化教育模式。科学课程搭配丰富的实践操作活动，极大地激发了孩子们的兴趣和探索欲望。

这个合作小组持续了两年，事实证明，它对大多数孩子都产生了非常积极的影响，尤其是对我的大女儿。在这种独特的教育模式培养下，她顺利考入了巴黎一所学院的高级班，并比正常年龄更早地通过了学士学位考试，之后便在巴黎大学开启了科学研究的征程。

我的小女儿虽然在早期没有享受到类似的教育，最初只是参加学院的部分课程，但是后来也逐渐融入学校生活。她是一个好学生，在各方面表现都很出色。

我一直非常重视孩子们的体育锻炼。我除了鼓励她们多进行户外散步，还格外注重她们的体操和其他运动项目。然而，当时的法国，体育锻炼对于女孩的教育仍然受到严重忽视。我坚持让孩子们定期参与体操活动，她们的假期大多在山区或海边度过。在这样的环境中，她们不仅在划独木舟和游泳方面表现出色，而且在长途步行或骑行方面也同样游刃有余，身体素质得到了显著提升。

当然，教育孩子们仅仅是我生活的一部分，钻研工作占据了我绝大部分的时间。经常有人问我，尤其是一些女性朋友，我是如何协调家庭生活和科学事业的。说实话，这绝非易事，需要极大的决心和自我牺牲的精神。我和如今已经长大成人的女儿们一直保持着亲密无间的关系，我们彼此关爱，相互理解，任何严厉的言辞或自私的行为都不可能存在，这种和谐的家庭环境让我们的生活充满温馨。

1906年，我接替了丈夫在巴黎大学的职位。彼时的实验室是临时搭建的，空间局促，设备也非常有限。即便如此，仍有一些科学家和学生获得许可，加入我和我的丈夫此前的研究团队，与我一同工作。在他们的帮助下，我得以顺利推进研究工作，并取得了不错的研究成果。

1907年，我有幸得到了安德鲁·卡内基先生的慷慨捐助。他为我的实验室提供了年度研究经费，还设立了研究奖学金，让许多优秀学生和科学家能够全身心地投入研究工作中。这样的资助对于那些怀揣科研梦想、才华横溢的人来说，无疑是极大的鼓舞。为了推动科学的进步，我们理应增加此类资助，让更多科研人才能够在良好的条件下追逐梦想。

就我个人而言，我不得不再次花费大量时间，致力于制备几分克极其纯净的氯化镭。1907年，我完成了对镭元素原子量的重新测定。1910年，在实验室一位杰出化学家的协助下，我成功分离出镭。分离镭是一项极其精细、复杂的工作，成功之后，我没有再重复这项实验，因为在分离过程中有可能面临镭丢失的巨大风险。这次的成功使我终于见到了这种神秘的白色金属镭，由于还要用它进行后续的实验，我实在无法将它保留下来。

至于钋，我至今未能将其单独分离出来，因为矿石中钋的含量比镭的含量要稀少得多。不过，我的实验室已经成功制备了高度浓缩的钋，并以此进行了一系列重要实验，尤其是关于钋辐射产生氦气的研究。

居里夫人在实验室里研究镭的分离

　　我特别关注实验室测量方法的改进。我已经提到，精准的测量对于发现镭具有重要作用。人们仍然期待，通过高效的定量测定方法，有可能得出新的发现。

　　我想出了一个非常有效的方法，即通过镭产生的放射性气体——镭射气来测定镭的含量。该方法在我的实验室中被广泛使用，能够以相当高的精确度测定极少量的镭（少于千分之一毫克）。对于含量较多的镭，则通过它们发出的具有穿透性的 γ 射线来测量。为此，实验室还配备了相应的设备。事实证明，通过辐射测定镭含量，比用天平测量更加便捷、精确。但这些测量需要可靠的标准作为依据，所以我需要认真考虑制定测量镭的标准问题。

镭的测量工作必须建立在坚实可靠的基础上，这对于服务实验室和科学研究有着极为重要的科学意义。而且，随着镭在医学领域的应用日益广泛，对商业生产的镭的相对纯度进行把控也变得十分重要。当时我的丈夫还在世，在法国曾有人利用我们提供的样品成功进行镭的生理效应治疗疾病的实验，实验结果令人振奋，于是催生了一门全新的医学分支——镭疗法。这种治疗方法最初在法国得到迅速发展，随后被其他国家广泛应用。

为了满足镭疗法对镭的需求，镭生产工业应运而生。第一家镭工厂在法国建立并获得了巨大成功，之后其他国家也开始建立镭工厂，其中美国尤为突出，因为美国拥有大量名叫"钙钒铀矿"的镭矿石资源。镭疗法和镭的生产相互促进，共同发展，在治疗多种疾病，尤其是癌症方面发挥着越来越重要的作用。正因如此，许多大城市纷纷设立了专门的研究机构，致力于推广和应用这种新疗法。有些研究机构拥有数克镭，而每克镭的商业价格如今约70000美元，其生产成本之所以这么高，主要是因为矿石中镭的含量极其稀少。

我们的发现不仅具有深远的科学意义，还在于它能够有效减轻人类痛苦、治疗严重疾病，成为一项造福人类的伟大成果。这让我深感欣慰，也让多年的辛勤付出得到了最好的回报。

镭疗法的成功应用，离不开对镭剂量的精确掌控。因此，镭的测量不仅对工业和医学领域非常重要，对物理、化学研究也非常重要。为了满足这些需求，由多国科学家组成的委员会成立了，委员会成员一致同意制定国际标准，以一份经过精确测量的纯镭盐作为基础标准。随后，各国将依据这个基础标准制定自己的二级标准，并通过辐射强度进行比对。我有幸成为制定这个基础标准的负责人。

这项操作精细入微，因为标准样品的重量较轻，仅有约21毫克氯化物，很难精确测量。1910年，我成功完成了样品的制备工作。标准样品是装在一根仅几厘米长的细玻璃管里面的纯净盐类原子量的物质。这个标准样品已获得委员会的认可，现存放在巴黎国际度量衡标准局。与此同时，委员会还将一些与原始样品对比过的二级标准投入实际使用。

在法国，我的实验室承担着通过辐射测量来检测镭管的重任，任何人都可以将镭送到我的实验室进行测试；而在美国，这项工作则由国际标准局负责。

1910年末，我被提名授予法国荣誉军团勋章。此前，我的丈夫也曾获此提名，但他因反对任何形式的荣誉称号而婉拒了。我与我的丈夫在诸多事情上观点完全一致，在这件事情上亦是如此。尽管相关部门多次劝说，我依旧拒绝了授予我军团勋章的提名。同时，一些同事建议我参加巴黎科学院院士的竞选。我的丈夫在生命的最后几个月曾担任该科学院的院士。我起初很犹豫，因为按照惯例，竞选院士需要进行大量的个人拜访活动。然而，考虑到当选科学院院士能为我的实验室带来诸多好处，我最终同意了。我的竞选引起了公众的广泛关注，特别是因为这次竞选涉及到女性是否可以加入科学院的问题。许多院士原则上反对女性入选，在投票结果公布时，我的得票数略低于所需的票数，我落选了。我并不打算再度竞选，我对这种需要个人拉票的方式非常反感。我始终认为，所有此类选举应当完全基于自发的决定，不应掺杂任何个人的主动争取，就如同我被一些学会和科学院接纳为会员一样，完全未曾主动要求或采取任何行动。

由于被诸多繁重事务缠身，1911年末，我病倒了。此时，我第二次荣获诺贝尔奖，这一次是我独自获奖。这是一项特殊的荣誉，是对我发现新元素和成功制备纯镭工作的高度肯定。尽管我身体虚弱，但还是前往斯德哥尔摩领奖了。这趟旅程对我而言异常艰难，幸好我的二姐和小女儿陪我一同前往。诺贝尔颁奖典礼庄严而又隆重，犹如举行国家庆典。瑞典人民，尤其是瑞典的女性，热烈欢迎我，给予我深深的慰藉。然而，由于过于疲劳，回国后我不得不卧床休养数月。这次重病，加上为了孩子们的教育，我不得不从索镇迁至巴黎。

1912年，我迎来了参与筹建华沙镭实验室的契机。这个实验室由华沙科学学会创立，学会还诚挚邀请我担任负责人。尽管我难以割舍法国的工作，无法返回祖国，但我欣然同意帮助筹划新实验室的研究工作。1913年，随着健康状况逐渐好转，我参加了华沙镭实验室的落成典礼。现场热烈而感人的欢迎场景，至今仍深深烙印在我的心中。这段经历意义非凡，既承载着浓厚的民族情感，又在极为艰难的政治环境下，为一项意义深远的科学事业注入了强大动力。

彼时，我尚未完全康复，就重新投身于实验室的筹建工作中。最终，实验室计划顺利落地，并于1912年建成。巴斯德研究所表达了与实验室合作的意愿，后来根据巴黎大学的建议，决定成立一个镭研究所。该研究所下设两个实验室，分别为物理实验室和生物实验室。其中，物理实验室主要聚焦于放射性元素的物理和化学性质的研究，而生物实验室则着重探索这些元素在生物学和医学领域的应用。然而，由于资金匮乏，镭研究所建设举步维艰，进展缓慢，直到1914年战争爆发时，仍未全面竣工。

第三章
战争岁月

1914年，和往年一样，在暑假前夕，女儿们便离开了巴黎。在我极为信任的家庭女教师的陪伴下，她们住进了布列塔尼海边的一座小屋，那里还住着我们几位好朋友的家属。只是，我因为工作太忙，很难长时间陪伴她们享受假期时光。

我原计划在7月底前与她们团聚，但不祥的政治消息却打乱了所有安排。这个消息是军事动员就要开始了。在这种情况下，我自己无法离开，只能无奈地继续等待，并密切关注事态的发展。8月1日，法国宣布全面动员，紧接着，德国对法国宣战。实验室里仅有的几位男性职员和学生全都被征召入伍，最后只剩下因严重心脏病而无法参军的技工留在我身边。

后续的历史事件早已广为人知，然而，只有亲身经历了1914年8月和9月那段日子的人，才能真正体会到巴黎人民当时那种同仇敌忾和沉着冷静的勇气。全国军事动员如同汹涌的潮流，将人们推向边境去保卫祖国。彼时，我们所有人的关注点都集中在前线传来的消息上。

最初几天，消息还不明确，但随着时间的推移，战况愈发严峻。先是比利时遭到入侵，这个国家的人民展开了英勇无畏的抵抗。紧接着，德军横扫瓦兹河谷，气势汹汹地向巴黎进军。不久后，法国政府迁往波尔多。随后，那些无法或不愿面对德军占领可能带来的危险的巴黎人民纷纷选择逃离。超负荷的列车载着大量民众，其中大多数是富裕阶层。不过，总体而言，在这个命运转折的1914年里，巴黎人民展现出非凡的冷静与坚定。那年8月底至9月初，天气格外晴朗，巴黎沐浴在明媚的阳光下，湛蓝的天空映衬着这座拥有众多建筑瑰宝的大都市。对那些选择留下的人来说，这座城市显得格外亲切和珍贵。

当德军进攻巴黎的威胁日益严重时，我感到有责任妥善保管实验室中的镭。政府委托我将镭带到波尔多避难。然而，我并不想离开太久，于是决定即刻返回巴黎。我乘坐的是一列专门运输政府工作人员和行李的列车，我至今仍清晰记得列车沿途经过国道的景象：长长的道路上停满了汽车，车主们正匆忙地从巴黎撤离。

傍晚抵达波尔多时，我因携带沉重的包裹而苦恼不已，包裹里装有用铅保护的镭。我根本无法独自搬运它，只能在公共场所焦急的等待。幸运的是，一位同列车的政府工作人员热心地帮我在私人公寓找到了一间房，当时酒店早已客满。第二天清晨，我赶紧将镭转移到安全之处。尽管整个过程困难重重，但当晚我还是顺利地搭上了一班军事列车，返回巴黎。

我在车站与一些向列车乘客询问情况的人简短交谈。当他们得知有人毫不犹豫地选择返回巴黎时，既感到十分惊讶，又似乎从中得到了些许安慰。

在返程途中，由于列车多次停运，旅程异常艰难。列车停滞了好几个小时，旅客们只能依靠士兵们分发的面包勉强充饥。当我抵达巴黎时，德军已经撤退，马恩河战役已然打响。

在巴黎，我与市民们一同经历了那场伟大战役中希望与痛苦交织的复杂心情。我一直很焦虑，担心德军一旦占领了巴黎这座城市，我便不得不与孩子们长期分离。然而，我始终觉得自己必须坚守岗位。随着战争取得胜利，巴黎被占领的危机得以解除，我终于能够让孩子们从布列塔尼回到巴黎，继续她们的学业，这是她们心中最大的心愿。她们不愿远离我，也不愿搁置她们的学业，即便许多家庭都认为留在乡村、远离前线会更安全。

那时，每个人的首要职责便是想尽一切办法为国家提供帮助，尤其是在国家面临重大危机的时刻。对于大学的教师而言，并没有统一的指令，大家可以根据自身情况和能力，自行决定如何行动。于是，我开始寻找最有效的方式，充分运用自己的科学知识，为国家贡献力量。

1914年8月，随着一系列突如其来的变故，防御准备不充分被彻底暴露出来，尤其是在卫生服务组织中，暴露出来的严重问题引发了公众的强烈反应。我也密切关注这方面的问题，很快便投身其中，这项工作便占据了我大部分的时间与精力。从战争开始至结束，甚至在战后的一段时间里，我仍然为军队医院提供放射学和放射治疗的服务。不过，在艰难的战争岁月里，我不得不将实验室搬迁到镭研究所的新大楼，并尽可能继续开展常规教学，同时也研究一些对军事服务有价值的工作。

众所周知，X射线可为医生提供一种有效诊断患者疾病和创伤的方法，尤其在战争中，能够帮助医生发现和准确定位进入人体的弹片，这对于取出弹片大有裨益。此外，X射线还能够揭示骨骼和内脏的损伤情况，便于医生追踪伤者体内损伤的恢复情况。在战争时X射线的使用，挽救了许多伤者的生命，减少了许多人的痛苦，降低了长期残疾的概率，为所有伤者争取到了更多的康复机会。

然而，在战争初期，军队中所有的医疗部门并没有X射线治疗设备，即使是地方医院也很少见，仅有少数重要的医院配备了X射线治疗设备，大城市里的相关专家也屈指可数。法国各地新成立的众多医院也缺乏X射线治疗设备。

为了满足这一迫切需求，我首先搜集了实验室和仓库里所有可用的设备。依靠这些设备，我在1914年8月和9月建立了几个放射学站点，由我指导过的志愿者负责操作。这些站点在马恩河战役中发挥了巨大作用，但依旧无法满足巴黎所有医院的需求。在红十字会的帮助下，我组装了一辆X射线诊断车。这辆X射线诊断车实际上是一辆旅行车，我们为其配备了完整的X射线设备，还安装了一个由汽车引擎驱动的发电机，以提供产生射线所需的电流。如此一来，这辆X射线诊断车能随时响应巴黎周边大小医院的召唤。这些医院需要照顾那些无法被运送到远处的伤者，因此紧急需要X射线诊断车的情况屡见不鲜。

正是因为X射线诊断车发挥巨大作用，让我清楚地意识到，我们还能够做出更大的努力。得益于国家伤残者赞助会的大力帮助，我提出的增加X射线诊断车的计划很快得到落实。在法国与比利时军队之间的战区，以及法国未被占领的地区，我共建设和改造了约200个放射学站点。此外，我还成功地为军队装备了20辆X射线诊断车。各界人士有的捐赠X射线诊断车，有的提供全套X射线设备。这些X射线诊断车对军队而言，其价值不可估量。

因为当时军队的X射线治疗设备极为有限，这些私人资助的车辆和设备在战争初期发挥了特别重要的作用。随着时间的推移，卫生部门逐渐意识到这些设备的重要性，开始大规模地自主生产这种设备。但由于军队的需求量极大，民众的协助配合一直持续到战争结束，甚至战后几年还在继续。

为了能够精准掌握实际需求，我亲自前往救护站和医院等地。在红十字会的帮助和卫生部门的同意下，我多次奔赴战区和法国其他地区。我到访过北部军队的救护站和比利时战区，亚眠、加来、敦刻尔克、弗内斯和波珀林赫等地都留下了我的足迹。我还去过凡尔登、南锡、吕内维尔、贝尔福、贡比涅和维勒科特雷等地。在远离前线的区域，我关注到许多医院尽管资源匮乏，但依然承担着繁重的救治任务。那些在我的帮助下度过艰难时刻的人们寄来的感谢信件，我都一一珍藏着。

每当外科医生请求我支援时，我通常会驾驶一辆私人使用的X射线诊断车前往目的地。在为伤员进行检查之余，我还顺便了解一下当地的特殊需求。回到巴黎后，我会想方设法为他们提供必需的设备，然后亲自返回去安装，因为当地人员不会安装。我还寻找到能够操作设备的合适人员，并详细地指导他们如何使用。经过几天的训练，操作人员便能独立操作设备了，这使得一大批伤员接受了检查。当时外科医生中很少有人了解这方面的知识，在我的培训后，他们对X射线治疗有了全新的认识，并能独立操作该设备。我与他们建立了友好的关系，这为我后续工作的顺利开展打下了坚实的基础。

我几次驱车前往救护站时，我的大女儿伊雷娜一直陪伴在我身边。那时她17岁，已经完成预科学习，准备到巴黎大学接受高等教育。她满怀热忱，一直想为抗击敌人贡献力量，于是学习了护理学和放射学，在各种复杂的情形下竭尽全力地帮助我。她到过弗内斯和伊普尔的前线以及亚眠等地参加救护工作，她出色的表现得到了救护队的高度认可。战争结束后，她还获得了一枚奖章。

战争期间的救护工作，给我和女儿留下了许多难以磨灭的回忆。

在开车前往救护站的路途中，我们遇到各种各样的困难，常常不确定能否继续前进，更别提寻找住宿的地方和获取食物了。但也正是我们的坚持，以及一路上遇到的善意帮助，一个个困难才能迎刃而解。无论走到哪里，我都必须亲自办理各种手续，并与众多军事长官会面，只为获得运输的通行证，以及请求他们将我携带的设备装上军队的列车。很多时候，我在搬运工的帮助下，亲自将设备装上火车，确保它们能够顺利运输到前方，而不是在车站滞留数日。到达目的地后，我也亲自从拥挤的车站把设备取出来。

每当开着X射线诊断车上路时，总会遇到一些问题。例如，我需要为汽车寻找安全的停放点，为助手们安排住宿，有时还要为汽车寻找各种零部件。由于很难找到合适的司机，我学会了自己开车，必要时便亲自驾车。尽管我们向卫生部门提出的申请往往回应迟缓，但在我的督促下，设备安装工作通常都能迅速完成并及时投入使用。因此，军队领导对我提供的及时援助赞不绝口，尤其对我处理紧急情况的能力更是非常钦佩。

居里夫人在战争中经常开着X射线诊断车到前线开展救护工作

现在我与女儿每当想起奔赴各个救护站的场景，心中满是美好的回忆。我们与当地医生和护士们建立了深厚的情谊。这些医务人员无私奉献、不计回报，常常承担着令人难以想象的艰巨任务。我们合作得十分愉快，我和我的女儿都受到了他们献身精神的感染，感觉就像与朋友并肩作战一样。

在比利时救护服务期间，我们有幸多次目睹比利时国王和王后前来视察的场面。他们态度和蔼、亲切，对伤者的深情关怀在我们心中留下了深刻的印象。在这段经历中，最让我们感动的是伤员们在我们为他们治疗时所表现出的那种坚韧精神。在进行X射线检查时，即使稍微移动一下都可能带来剧痛，但几乎每个人都尽力配合X射线检查。在检查过程中，我们很快就了解了他们各自的情况，也与他们聊上几句鼓励的话。那些对检查不了解的人，可能对陌生的设备感到畏惧，我们便为他们进行详细讲解，并给予他们安慰。

我永远无法忘记战争期间那摧毁人类生命与健康的可怕景象。我只要目睹一次曾无数次见过的画面，就足以对战争深恶痛绝。一批批伤员被送到救护站时，身上沾满了泥土和鲜血。许多人因伤势过重而失去生命，更多的人在痛苦和折磨中历经数月，才能艰难地康复。

在战争期间，我难以找到受过训练的助手来操作设备。战争初期，没有多少人了解放射学知识，如果让一个不懂操作的人使用设备，设备很快就会被损坏而报废。在战争时期，对大多数医院操作放射性设备的人来说，并不需要过多的医学知识，只要能够识字且对电器设备有一定了解的人，便能够成功掌握操作技能。如果是教授、工程师和大学生，稍加训练就能成为一名合格的操作员。在战争期间，我不得不四处寻觅那些暂时免于服兵役，或恰好被安排到我所在地方的人，并聘请他们为我的助手。即便找到这样的人，因军事命令而被调离，我又不得不重新寻找其他人填补空缺。

因此，我决定培养一些女性来担任我的助手。我向卫生部门提议，在刚刚成立的艾迪斯·卡维尔医院的附属卫生学校增设一个放射学科室。他们采纳了我的建议。于是，1916年，由镭研究所负责组织这个科室开展训练，在之后的战争岁月里共培养了150名操作员。大多数报名的学员仅具有初级教育水平，但只要通过正确的学习，他们都能成功掌握操作技能。学习课程既包括基础理论，也包括大量的实践培训，还涉及一些解剖学知识。课程由几位满怀热忱的教授来讲授，其中也包括我的女儿，他们都出于自愿。我们培养的学生组建了一支优秀的队伍，得到了卫生部门的高度认可。就她们所学习的课程而言，她们只能作医生的助手，不过其中有几位学员却展现了独立工作的能力。

在战争期间，我在放射学领域不断积累经验，对这一领域有了更广泛的了解和更深入的认识，我认为这些知识应该被更多人了解。因此，我撰写了一本名为《放射学与战争》的小册子，目的是向大众展示放射学的重要性，并对比放射学在战争时期的发展与和平时期的应用。

接下来，我想讲讲我在镭研究所开展镭治疗服务的情况。

1915年，原本安全存放在波尔多的镭被运回了巴黎。由于当时没有时间进行常规的科学研究，我决定将镭用于治疗伤员，同时又要确保不会丢失这种珍贵的物质。我向医疗部门提供的不是镭本身，而是定期收集到的从镭散发出来的镭射气。开展镭射气治疗多半是在大型的医院，方法各不相同，但比起直接使用镭，在很多方面反而更加简便易行。然而，在当时的法国，并没有国家级的镭疗机构，医院里也没有镭射气可供使用。我主动向卫生部门提出定期向医疗机构提供装有镭射气的玻璃管。这个提议被采纳了，镭射气服务自1916年正式施行，一直持续到战争结束，甚至在战后还延续了很长一段时间。

由于没有助手，我不得不独自承担制备镭射气玻璃管的工作，而制备过程极为精细和复杂。借助这些镭射气玻璃管，众多伤员和平民百姓都得到了有效的治疗。

在巴黎遭受轰炸的那段日子，卫生部门采取了特别保护措施，确保用于制备镭射气玻璃管的实验室免受炮弹袭击。由于操作镭的过程很不完全（我多次感到身体不适，我认为这与操作镭有关），我们采取了相关保护措施，防止镭射线对人体造成有害影响。

在战争期间，尽管我的主要时间始终放在与医疗救护相关的工作上，但我做了许多其他的事情。

1918年夏天，德国的攻势宣告失败后，应意大利政府的诚挚邀请，我前往意大利考察研究放射性矿藏资源的拥有量。我在那里停留了一个月，取得了一些成果。因此，我也成功地引起了意大利政府对这一新兴领域的重视。

1915年，我不得不将实验室迁至位于皮埃尔·居里街的新楼里。这是一段艰难而复杂的经历，我再次陷入没有资金支持，也没有人帮忙的困境。我只能利用我的X射线诊断车，一趟又一趟地搬运实验室设备。之后，我又耗费了大量时间对实验室器材进行整理和分类，并与我的女儿及实验室的一位技师共同规划新实验室的总体布局。然而，技师时常生病，这使得事情变得越来越棘手。

我最先考虑的事情之一便是在实验室周围有限的空地上种植树木。我觉得，春夏时节新叶的翠绿色能给人带来视觉上的慰藉。因此，我希望尽自己所能，为将在新楼工作的人营造一种愉悦的环境。

我们种了几棵菩提树和悬铃树，虽然数量不算多，但恰到好处，同时也没有忘记布置花圃，种上玫瑰。我清楚地记得，巴黎第一次遭遇德国大炮轰炸的那个清晨，我们前往花市购买树木和花，然后花了一整天时间在花圃种植，而附近时不时会有炮弹落下来。

尽管困难重重，新实验室还是逐步建设完成，并在1919—1920学年开学时准备就绪，此时正逢部队复员。1919年春，我专门为美国一些士兵开设了一个特别培训班，我的女儿负责为培训班的学员上课。他们学习非常认真投入。

战争时期，我和其他人一样，每天都过着极为疲惫的生活。我几乎没有休息的时间，只能偶尔抽出几天时间去看望正在放假的女儿们。我的大女儿几乎不肯休假，考虑到她的健康状况，我有时不得不强迫她离开工作岗位去休息。她一边在巴黎大学继续她的学业，一边如我之前所述，在战争时协助我工作，而小女儿则在一所高中学习。在巴黎遭受轰炸期间，她们都不愿意离开巴黎去乡下避难。

经过4年多前所未有的战争浩劫后，各方终于在1918年秋签订了停战协议。然而，真正的和平尚未全面实现，但是这场残酷而又恐怖的战争终于要结束了，这对法国人民来说是极大的安慰。然而，战争给他们带来的伤痛不可能马上消除，人们的生活依然艰难，平静与幸福的生活尚未恢复。

尽管如此，牺牲无数生命换来的胜利给我带来了一件令我欢欣鼓舞的大事，那就是，我几乎未曾想到，我能在活着的时候，见证我的祖国波兰在长达一个多世纪被压迫之后恢复独立。我的祖国长期受到奴役，领土被敌人瓜分。在漫长的受压迫时期，即便希望渺茫，波兰人民始终坚信自己的民族信仰。这个曾经遥不可及但又无比珍贵的梦想，随着欧洲局势的风云变幻，终于成为现实，这是波兰人民的胜利和骄傲。在举国欢庆的时刻，我前往华沙，在波兰首都与阔别多年的家人团聚。不过我也看到了，新生的波兰共和国的生活条件是多么艰苦，经过多年的社会动荡，重建所面临的各种困难是多么复杂和艰巨。

此时的法国，部分地区遭到严重破坏，许多人民牺牲了，战争带来的困难尚未完全消除，正常的工作秩序也只能慢慢地恢复。各个实验室都受到影响，镭研究所也未能幸免。战争时期所建立的各种放射性医疗机构有一部分保留了下来。根据卫生部门的要求，放射护理学校得以继续保留。镭射气的服务不但没有中断，仍然继续开展，而且还不断扩大规模。不过附属卫生学校战后已由巴斯德实验室主任雷戈博士管理，目前正发展成为一个国家级的镭疗服务机构。

战争结束后，随着应征入伍的工作人员和学生陆续回归，我的实验室工作逐渐恢复正常，并开始重新规划。然而，在国家仍处于艰难的时期，实验室由于缺乏必要的设备和资金，发展受到一定的限制。尤其是我们急需建立一个独立的镭疗医院。此外，在巴黎的郊区还应该建立一个实验分析站，用于处理大量实验材料，推动我们对放射性元素的进一步研究。

至于我自己，已不再年轻，我常常问自己，依靠政府眼下的支持，以及部分私人捐赠，我是否能在有生之年，为后人建立起我理想中的镭研究所？这所镭研究所不仅是对皮埃尔·居里的纪念，更是为人类最高利益而设的科研机构。

幸运的是，1921年，我得到了一件极其珍贵的礼物。在美国梅洛尼夫人的倡议下，美国的妇女们筹集了一笔玛丽·居里镭基金用于购买镭。这笔资金将完全由我自行支配，用于科学研究。梅洛尼夫人还邀请我和我的两个女儿一同前往美国接受这份礼物，并邀请美国总统在白宫将礼物亲手赠予我。

这笔镭基金是通过公众募捐筹集而来的，无论捐赠的数额多少，都凝聚着众人的心意。我对美国妇女们的深情厚谊深表感激。1921年5月初，我们启程前往美国纽约。在离开之前，巴黎歌剧院还为我们举行了一场表彰仪式，向我们表示祝贺。

在美国逗留的几个星期，这里的一幕幕场景都给我留下了美好回忆。在白宫举行的欢迎仪式让我印象最深刻，哈丁总统用最真挚的语言向我致辞。随后，我访问了多所大学和学院，所到之处都受到了热烈的欢迎，并获得了多个荣誉学位。在与公众聚会时，我深切感受到了前来与我见面并祝福我的人的真挚情感和支持。

我还参观了尼亚加拉大瀑布和大峡谷，这些大自然的壮丽杰作让我惊叹不已。

遗憾的是，由于我的健康状况不佳，我未能完全实现此次美国之行的所有计划。然而，我依然收获颇丰，看到和学到了很多东西。我的女儿们也尽情享受了这次假期的美好时光，并为她们母亲的工作受到广泛认可而感到自豪。

6月底，我们启程返回欧洲，与美国那些优秀的朋友依依不舍地告别，他们是我们永远不会忘记的挚友。

我带着这份珍贵的礼物回到了研究所，我的内心充满了力量与勇气。然而，由于在实现某些关键目标方面仍缺乏必要的资金支持，我常常不得不思考一个根本性问题，即科学家应如何看待自己的发现。

我和我的丈夫一向拒绝从我们的发现中获取任何物质利益。从一开始，我们就毫无保留地公开了制备镭的方法，我们没有申请任何专利，也没有在工业应用中为自己谋取任何利益。提取镭、制备镭的方法非常复杂，我们将所有的细节都公开发表在出版物上。正因如此，镭工业才得以迅速发展。直到今天，镭工业仍然沿用我们的制备方法，没有任何改变。从对矿石的处理到分级结晶，都与我在实验室中所采用的方式相同，只不过提供的装置变大而已。

我和我的丈夫最初几年从矿石中提取的镭，我已全部捐赠给我们的实验室。由于镭在矿石中的含量极少，因此价格昂贵。此外，镭可以用于治疗多种疾病，因此它的生产者可以获得丰厚的利润。我们放弃了对这一发现的商业开发，无疑是放弃了一笔本可以传给子孙的财富。但是，我们没有考虑这些。倒是许多朋友提醒我们，他们并非没有道理。他们认为，如果我们当初保留了自己的权益，便可以获得足够的财力，创办一个理想的镭研究所，而不必像现在这样面临种种困难，甚至时至今日，这些困难仍困扰着我。可是，我依然坚信我们当初的选择是完全正确的。

诚然，人类需要那些为了自身利益而努力做好自己的事的实用主义者，他们能将自己的事业做得尽善尽美，同时不忘社会的共同利益。同样，人类也需要理想主义者，他们无私地追求理想，执着于自己的使命，甚至忽略自己个人的物质利益。这样的理想主义者不会成为一个富有的人，因为他们根本就不想要财富。不过，在我看来，一个组织完善的社会，应当为这些执着于科学探索的理想主义者提供必要的条件，让他们可以摆脱物质的困扰，将毕生精力毫无保留地献给科学研究事业。

第四章
美国之旅

众所周知，我那次难忘的美国之行，源于一位美国女性的慷慨之举，她就是一家著名杂志《描述者》的主编梅洛尼夫人。她精心策划了一项由美国妇女们向我捐赠1克镭的集体活动，并经过长达数月的不懈努力，最终将这一计划变成现实。因此，她诚挚邀请我前往美国，亲自接受这份珍贵的礼物。

这项集体捐赠的意义在于它是出自美国妇女界。她们先是组成一个委员会，委员会的成员是美国多位杰出女性和著名科学家。一开始，委员会收到了多笔重要捐赠，并向公众发起募捐号召。美国众多女性团体，尤其是各大高校和各俱乐部都纷纷热烈响应。许多捐赠者因受益于镭疗法，怀着感恩之心踊跃捐赠。就这样，她们顺利筹集了超过10万美元，然后用这笔钱来购买1克镭，并由美国总统哈丁先生在白宫举行的庄重的赠礼仪式上，亲手把这份饱含深情的珍贵礼物交到我手中。

委员会邀请我和我的女儿们于5月前往美国。尽管那时并非我的休假时间，但在巴黎大学的同意下，我欣然接受了此次邀请。

整个旅程的安排都无需我劳神费心，梅洛尼夫人亲自来法国迎接我。法国杂志《我无所不知》于4月28日为巴黎镭研究所全体人员举行庆祝活动，梅洛尼夫人也参加了此次活动。在活动中，法国人民对美国妇女界的支持表达了感激之情。5月4日，梅洛尼夫人陪同我们从瑟堡登上"奥林匹克号"轮船前往美国纽约。

委员会为我精心安排的行程，让我既感动又吃惊。按照计划，我不仅要出席在白宫举办的赠礼仪式，还要参加多个城市的大专院校举行的仪式。这些学校中有不少都提供过捐助，他们渴望借此机会向我表达敬意。美国人民充满活力，具有极强的行动力，他们为我安排了很多活动。而且，美国幅员辽阔，美国人养成了长途旅行的习惯。在整个行程中，我得到了无微不至的照顾，工作人员尽力帮我缓解旅途劳顿和各种接待活动带来的疲惫。美国人民不仅热情地欢迎了我，而且使我结识了许多真挚的朋友，对此我满怀感激，铭记于心。

到达纽约后，我们欣赏了壮丽的港口景色，并受到了大学生、女童子军以及波兰代表团的热烈欢迎。他们向我献上娇艳的鲜花，并表达诚挚的问候。随后，我们入住了一间位于市区环境清幽的公寓。第二天，卡内基夫人在她那豪华的寓所设宴款待我们，我在宴会上首次与接待委员会成员见面。卡内基夫人的寓所内陈列着她已故丈夫安德鲁·卡内基的一些遗物，安德鲁·卡内基的慈善事业在法国早已声名远扬。第三天，我们前往距离纽约数小时车程的史密斯学院和瓦萨学院进行为期几天的参观。后来，我还参观了布莱恩·莫尔学院和韦尔斯利学院，顺便也参观了其他几所学校。

踏入这些学校，仿佛置身于美国人的生活与文化中。我不过是短暂到访，实在难以对其学术教育做出权威性的评价。然而，即使只是匆匆一瞥，我还是能体会到法国人与美国人在女子教育理念上的显著差异，这让我感触颇深。我特别关注的有两个方面：一是美国人十分关注学生的健康和体育锻炼；二是美国特别注重培养学生的独立性，这种独立性赋予了她们极大的自主权，点燃了她们主动探索的热情。这两个方面在法国并未得到充分的重视。

这些学校在建筑规划上独具匠心，在宽阔的校园里错落分布着数座风格各异的建筑，各座大楼之间绿树成荫，草木繁茂，充满了自然与人文气息。就拿史密斯学院来说，它静静地依偎在一条幽静的河流之畔，流动的河水为校园增添了几分诗意与灵动。学校内部的生活设施齐全、清洁卫生，让人感觉非常舒适。淋浴设施一应俱全，冷热水供应稳定，为学生提供了便捷的生活条件。学生不仅拥有采光极佳的私人房间，还有宽敞舒适、供大家交流互动的休息室。每所学校都构建起一套完善的文化和体育活动体系，学生既能在网球场上挥洒汗水，在棒球比赛中展现团队协作，也能参加体操锻炼、体验划独木舟的乐趣，或是在泳池中畅游，甚至骑上骏马感受风的自由。而且，这里始终有专业的医务人员负责他们的健康。

美国许多母亲都认为，繁华喧嚣的都市并不利于年轻女孩的成长与教育。相反，在空气清新的乡村中生活，既有利于她们的健康成长，又有利于她们的学习，为求知之路铺就理想的基石。

在每所学校里，女孩们都展现出非凡的自主能力。她们积极组建各类社团，通过民主选举产生委员会，负责制定学校的内部规则，真正实现了自我管理。学生活力四射，校园生活丰富多彩。她们热心参与教育实践，编辑出版刊物，将思想与感悟传递给更多人；她们乐于音乐创作，用音符谱写青春的旋律；她们精心编写剧本，并在校内外的舞台上进行精彩演绎，那些剧目的主题深刻、表演精彩，每一个细节都深深烙印在我的心中。

学生来自不同的社会阶层，有的家庭条件优越，也有不少学生凭借自身努力获得奖学金，一路拼搏完成学业。整个学校的活动处处彰显着民主精神。在这里，还能看到一些外国学生的身影。我们偶遇到的一些法国学生，他们对学校生活与学习都非常满意。

每所学校的学制都是四年，在这四年的时光里，学生需要经历多次严格的考试，不断检验和提升自己的能力。部分学生毕业后，怀揣着对知识的热爱，选择继续深造，并最终获得博士学位。不过，这里的博士学位与法国的博士学位并不完全相同。学校还设有实验室，配备了优良的实验设施，为学生提供了良好的研究条件。

在访问期间，我看到学校里的年轻女孩洋溢着青春的活力，这让我印象深刻。学校为我安排的欢迎仪式，有条不紊，秩序井然，有点像军队作风。学生为迎接我而创作的歌曲流露出青春的热情与欢乐。她们脸上露出灿烂的笑容，在草坪上兴奋地奔跑着，这种欢喜雀跃的情景令人难忘。

在前往华盛顿之前，我还陆续参加了多场欢迎会，有化学家们精心筹备的午宴，有自然历史博物馆和矿物学俱乐部召开的热情洋溢的接待会，有社会科学研究所举行的盛大的晚宴，还有在卡内基音乐厅举办的令人瞩目的盛大集会。那场集会是一场学界的盛会，吸引了众多来自各个学院和大学的师生代表。在每一场活动中，我都受到了各界杰出人士的热情欢迎，并获得了许多珍贵的荣誉。每一份荣誉的背后，都承载着赠予者满满的深情厚谊。

这些活动不仅是对我的认可与欢迎，更成为国家间友谊的桥梁。副总统柯立芝在讲话中，用饱含敬意的语言，深情回顾了法国人民和波兰人民在历史上对美利坚合众国发展历程中给予的无私帮助，同时也表达了在近年风雨岁月中彼此之间愈加深厚的兄弟情谊。

在由知识人士和社会人士积极营造的热烈友好的氛围中，5月20

日，白宫迎来了一场意义非凡的欢迎仪式。欢迎仪式虽然简单，但却让人十分感动，体现了民主政体的特点。哈丁总统及其夫人亲临现场，内阁成员、最高法院法官、陆军和海军的高级将领、外国使节、各种妇女团体和社会机构的代表，以及来自华盛顿和其他城市的社会名流纷纷出席仪式。在仪式上，法国大使儒塞朗先生发表简短而有力的致辞，梅洛尼女士代表美国妇女界讲话，哈丁总统饱含敬意的演讲让我满怀感激之情，宾客们有序地列队行进，还有那定格美好瞬间的集体纪念照片，一切都在白宫宁静而庄重、洁白和绿意相互辉映的环境中徐徐展开。在5月的美丽午后，阳光明媚，视野格外开阔。由这个伟大国家的总统代表他的人民在仪式上向我表达他的国家和人民的那种无比珍贵的敬意，真让我受宠若惊，并感到无比的光荣，这成为我人生中一段难以忘怀的珍贵记忆。

总统的讲话与副总统对法国和波兰的赞赏一样充满了情感，表达了美国人民对这份跨国情谊的敬意。在赠送礼物的庄重时刻，这种情感被渲染得淋漓尽致。

美国人民对于那些出于公共利益的伟大行动，总是不吝赞美。镭的发现之所以在美国受到如此广泛的认同，不仅仅是因为它在科学领域具有卓越价值以及在医学应用上的巨大潜力，更是因为它的发现者毫无保留地将其献给了全人类，未曾为自己谋取丝毫利益，这种精神让美国朋友对法国科学界感到由衷的钦佩和赞赏。

在那场意义非凡的白宫仪式上，美国妇女捐赠的1克镭并未出现。美国总统赠予我的是一份极富象征意义的礼物，它是一把小巧玲珑的金钥匙，用于开启运输镭而特制的匣子。

在华盛顿的仪式之后，我们的行程依旧充实。我们先后参加了在法国使馆和波兰使馆举行的温馨招待会，还参与了国家博物馆精心安排的接待活动，以及参观了一些设备先进的实验室。

告别华盛顿后，我们踏上了新的旅程，先后访问了费城、匹兹堡、芝加哥、布法罗、波士顿和纽黑文等风格各异的城市。旅途中，我们还游览了举世闻名的大峡谷和尼亚加拉瀑布。在这次难忘的旅程中，我有幸成为多所知名学府的贵宾，并接受了他们授予的荣誉学位，这份殊荣让我满怀感恩。通过这次机会，我要特别感谢宾夕法尼亚大学、匹兹堡大学、芝加哥大学、西北大学、哥伦比亚大学、耶鲁大学、宾夕法尼亚女子医学院、史密斯学院和韦尔斯利学院的邀请，还对哈佛大学给予的热忱接待铭记于心。

美国大学授予荣誉学位的仪式庄重而肃穆。按照惯例，一般在每年的毕业典礼上都会举行授予仪式，候选人须出席。然而，这次为了我，学校特别打破常规，单独组织了授予仪式，这让我十分感动。相较于法国，美国大学举行的仪式更频繁，在大学生活中占据着更为关键的地位。尤其是一年一度的毕业典礼，通常以一场盛大而庄重的学术游行作为开场，游行队伍中有官员、教授和穿着学位服的毕业生。游行之后，所有人聚集在大厅里，宣布获得学士、硕士和博士学位的名单。毕业典礼上会播放音乐，并且学校领导和特邀演讲者会发表演讲。演讲的内容通常致力于提升教育的理想和推行人道主义，但有时也引入一些美国式的幽默。总体上，整个授予仪式令人难以忘怀，极大地增进了大学与毕业校友之间的情感。对于完全依靠私人基金会支持的美国顶尖大学而言，这样的仪式无疑是维系学校发展与传承的重要契机。大多数州直到最近才创建了由州政府支持的大学。

在耶鲁大学，我有幸代表巴黎大学出席了耶鲁大学第十四任校长安吉尔的就职典礼。在费城，我也很高兴地参加了美国哲学学会的会议和医师学院的会议。在芝加哥，我参加了美国化学学会的年会，并在会上围绕"镭的发现"这一主题发表了演讲。在参加这些会议时，我被分别授予了约翰·斯科特奖章、本杰明·富兰克林奖章和威拉德·吉布斯奖章。

美国妇女组织为我举办的几次会议备受美国公众的关注。在纽约卡内基音乐厅举行的大学妇女会议上，汇聚了众多优秀女性，她们探讨女性在教育、科研领域的发展问题。在芝加哥也举行了类似的会议，在那里我还受到了波兰妇女协会的热情接待。在匹兹堡的卡内基学院和布法罗的加拿大大学，妇女代表团也向我表达了敬意。在这些会议中，我感受到她们对我的真挚祝福和对未来女性在社会活动中的地位充满信心。我也发现美国男性普遍支持女性，这为美国女性参与社会活动创造了有利条件。梅洛尼夫人发起的捐赠计划获得广泛认可，便是有力的证明。

可惜行程紧凑，我没有足够的时间参观实验室和科学机构，但短暂的访问仍让我非常感兴趣。美国各地重视科研发展和设施改善，新的实验室不断涌现，已有的实验室设备先进，空间宽敞明亮，与法国实验室空间狭小、设备陈旧形成鲜明的对比。这些科研设施和资金多是私人捐赠或基金会支持的。此外，还有私人资金支持的国家研究委员会，其目的是推动科研创新，并促进科研与工业合作。

我参观了美国的标准局，该机构在科学测量和相关研究领域具有非常重要的作用，我获赠的镭就存放在这里。标准局的工作人员对其进行测量并包装，然后运送到船上。我还参与了一个专注于使用液氢和液氮进行极低温科学研究的新实验室的开幕仪式，并为该实验室的启用进行了剪彩，这让我感到无比荣幸。我在他们的实验室里会见了一些美国著名科学家，与他们共度的时光是我美国之行中最愉快的时刻之一。

美国设有好几家专门开展镭疗的医院，这些医院一般都配备了专业实验室，用于提取镭射气。这些镭射气会被密封在特制的小玻璃管中，以便在医疗中使用。镭疗医院拥有大量的镭，配备的设备非常先进，成功为众多患者提供治疗。我参观了其中几所医院后深受感触，可惜法国没有一个国家级机构能提供如此专业的镭疗服务。真心希望在不久的将来，法国能弥补这个缺憾，让更多患者从中受益。

镭工业起源于法国，却在美国得到了最快速的发展，这在很大程度上得益于美国拥有充足的含镭铀矿供应。[1]我饶有兴趣地参观了其中一家极为重要的镭工厂，真切地感受到了工作人员的创新精神。

居里夫人在美国镭工厂与技术人员进行交流

---

[1]最近，美国正在安佛尔斯特附近建设一个生产镭的大型工厂。

这家镭工厂有一系列纪录电影胶片，生动记录了人们每天在科罗拉多广袤大地上搜集零散矿石的艰辛的场景，以及从这些含量微小的矿石中提取镭的过程。不过，他们提取镭的方法和程序与我们的实验室一致。

我在参观镭工厂和实验室时，他们盛情地接待了我。在一家生产新钍的工厂里，我同样受到了热情款待。工厂还赠送给我一些新钍，以表达对我科学研究工作的支持。

若要完整地描述此次美国之行，就不得不提及美国的自然风光。我难以用言语来形容眼前那广阔无垠而又丰富多彩的景象。总体而言，美国的未来有着无限可能。尼亚加拉瀑布的雄伟壮观、大峡谷的斑斓纷呈，都深深印刻在我的心中。

6月28日，我再次登上两个月前载我来到美国的那艘轮船，离开了纽约。在如此短暂的时间内，我不敢贸然对美国和美国人妄加评论。我只想说，我和我的女儿们在美国都受到了热烈的欢迎，这让我们深受感动。东道主竭尽全力让我们有宾至如归的感觉。同时，他们中的许多人也跟我说，当他们踏上法国的土地时，同样感受到了友好的氛围。

怀着对美国妇女赠送的珍贵礼物的感激之情，以及对这个与我们国家因相互共鸣而紧密相连的伟大国家的深深眷恋，我回到了法国。这种共鸣让我们对人类的未来充满了信心。

附录

放射性物质的研究（节选）

鉴于居里夫人的博士论文《放射性物质的研究》主要阐述实验原理、实验方法和实验数据等内容，具有较强的学术性，为适配青少年读者的认知特点，本书未予全文翻译，仅节选论文关键部分的内容，助力青少年读者把握科学思维脉络。以下为论文节选的内容：

绪　论

本研究旨在阐述我历经四年多对放射性物质的研究工作。研究伊始，我聚焦于铀的磷光现象，该现象由亨利·贝克勒尔率先发现。基于此项研究的初步成果，我预见到一个极具潜力的研究领域，皮埃尔·居里遂搁置手头工作，与我携手合作，致力于提取新的放射性物质，并深入探究其特性。自开展研究以来，我们便决定将自行发现并制备的物质样本提供给部分物理学家，尤其是亨利·贝克勒尔，以推动其他研究者对新放射性物质的研究。在首次发表研究成果之后，德国的吉泽尔先生也开始制备这些物质，并向多位德国科学家分发样本。最终，放射性物质在法国和德国上市销售。这一日趋重要的课题引发了科学界的关注，大量关于放射性物质的论文不断涌现，尤其是在国际范围内。由于放射性物质的研究尚处于起步阶段，不同国家的研究结果难免呈现出一定的混乱，对问题的研究视角也在持续演变。

　　然而，从化学角度来看，已有一项结论得到明确证实：一定存在一种具有强烈放射性的新元素，那就是镭。制备纯镭氯化物并测定镭的原子量，就成了我研究工作的核心内容。本研究不仅在已知元素中增添了一种具有独特性质的新元素，还确立了一种新的化学研究方法，并证实了其有效性。正是基于将放射性视为物质原子属性的研究方法，皮埃尔·居里和我得以发现镭的存在。

　　从化学角度来看，我们初步探讨的问题已基本解决，而对于放射性物质物理性质的研究仍在全面推进。尽管已有若干关键点得到确认，但许多结论仍处于初步探索阶段。由于放射性现象的复杂性，以及各类放射性物质间的差异，出现此现象不足为奇。物理学家对这些物质的研究相互交织，而我在严格限定本研究范围并仅发布个人研究成果的同时，不得不引用其他的研究结果，这些信息对于理解全文至关重要。

　　我旨在全面综述当前的研究进展，并在文末特别指出重点关注的问题及与皮埃尔·居里合作探究的议题。

　　本研究在巴黎物理和化学学校实验室里进行，得到了前任校长舒岑贝格及现任校长劳特的许可。在此，我对他们提供的帮助表示诚挚的感谢。

研究背景

　　放射线现象的发现与自伦琴射线发现以来对磷光物质和荧光物质摄影效应的研究密切相关。最初用于产生伦琴射线的放电管中并未设置金属反阴极。伦琴射线源自阴极射线撞击的玻璃表面，该表面也是一个活跃的荧光体。因此，当时的研究问题是，无论荧光的成因是什么，伦琴射线的放射是否必然伴随着荧光的产生？这一假设最初是由亨利·庞加莱先生提出的。

随后，亨利·庞加莱先生宣布他通过荧光硫化锌，隔着黑纸获取了感光影像。尼温格洛夫斯基先生使用暴露于光线下的荧光硫化钙也观察到了相同现象。特罗斯特先生进一步使用人工荧光硫化锌，隔着黑纸和厚纸板，也获取了强烈的感光影像。

尽管进行了多次尝试，上述实验却未能被成功复制。因此，无法断定硫化锌和硫化钙在光的作用下能放射出穿透黑纸并作用于感光板的不可见射线。

亨利·贝克勒尔对铀盐开展了类似实验，其中部分盐类表现出荧光特性。他使用铀和钾的双硫酸盐隔着黑纸获得了感光影像。他最初认为，荧光盐的表现与亨利·庞加莱、尼温格洛夫斯基和特罗斯特实验中的硫化锌及硫化钙类似。但实验表明，他所观察到的现象与荧光并无关联。盐类无须表现出荧光特性。此外，铀及其所有化合物，无论是否表现出荧光，均以相同方式产生作用，其中金属铀的表现最为活跃。亨利·贝克勒尔最终发现，铀化合物即使被置于黑暗环境中，仍能通过黑纸对感光板持续作用多年。因此，亨利·贝克勒尔提出，铀及其化合物放射出一种特殊射线——铀射线，并证明了铀射线能够穿透薄金属，并能使带电体放电。他还通过实验得出结论：铀射线会经历反射、折射和偏振现象。

其他物理学家如埃尔斯特和盖特尔、洛德·开尔文、施密特、卢瑟福、比蒂和斯莫卢霍夫斯基的研究工作证实并扩展了亨利·贝克勒尔的研究成果。他们发现铀射线在反射、折射和偏振方面的行为与伦琴射线相似。这些特性最初由卢瑟福观察到，后来亨利·贝克勒尔也予以确认。

第一章　铀和钍的放射性及放射性矿物

贝克勒尔射线　亨利·贝克勒尔发现的铀射线能够对遮光状态下的摄影底片产生作用。只要物质厚度足够薄，铀射线便能穿透一切固体、液体和气体。当铀射线穿越气体时，会使气体成为微弱的电导体。铀化合物的放射性特性，并非源于任何已知因素。放射现象似乎具有自发性。即使将化合物放置于完全黑暗的环境中多年，其放射性强度也不会减弱，因此可以排除荧光是由特定光线所引发的可能性。

……

第二章　研究方法

前一章中所公布的放射性矿物研究结果，促使皮埃尔·居里和我尝试从沥青铀矿中提取一种新的放射性物质。由于我们对这一假设性物质一无所知，仅知晓其放射性，因此我们的研究方法只能基于这一特性展开。以下是基于放射性进行研究的方法：测定一种化合物的放射性强度，然后对该化合物进行化学分解；测定所得到的所有产物的放射性强度，并考虑放射性物质在各个产物中的分布比例。通过这种方式，我们能够获得一些线索，在一定程度上，这些线索可与光谱分析所提供的信息进行比较。为了得到可比较的数据，必须测定完全干燥的固态物质的放射性。

……

第三章　新放射性物质的辐射

为深入探究放射性物质所发出的辐射，可以充分利用该辐射的任何特性。例如，射线能在照相底片上产生作用，或者凭借其使空气电离，进而让空气具备导电性能的特性，抑或它能使特定物质产生荧光。在此之后，在谈及这些不同的研究方法时，我将采用射线感光法、电学法及荧光法等表述。

……

第四章　放射性物质向初始非放射性物质的传递

在对放射性物质的研究过程中，我们观测到，任何物质只要在镭盐附近留存一段时间，就会具有放射性。在我们首次发表的关于这一主题的论文中，研究重点主要在于这种通过接触镭盐获得的放射性，并非源于放射性粒子转移到物质表面。这一结论已被后续描述的所有实验证实，同时也证明，当自然非放射性物质脱离镭的影响后，其所被激发的放射性会随之消失。

我们将这种新现象命名为诱导放射性。

……

第五章　放射性现象的性质和原因

研究伊始，放射性物质的性质几乎还不为人知时，其辐射的自发性就已经成为物理学家们极为关注的问题。如今，我们对放射性物质的研究已经取得了显著进展，并且能够分离出一种极具能量的物质——镭。为了利用镭的非凡特性，我们必须对这些放射性物质发出的射线进行深入研究。通过研究发现，放射性物质发出的各类射线与克鲁克斯管中存在的射线如阴极射线、伦琴射线（X射线）、极隧射线（管射线）具有许多相似之处。在伦琴射线产生的次级射线中，以及在通过感应获得放射性物质所发出的辐射中，也能发现这些不同类型的射线。

结　论

综上所述，我将阐述我在放射性物质研究中所承担的具体工作。

我对铀化合物的放射性展开了研究，同时对其他物质进行了放射性检测，发现钍化合物同样具备这种特性。在此基础上，我明确了铀和钍化合物放射性的原子性质。

我对铀和钍以外的放射性物质也开展了深入研究。为此，我使用精确的电测量方法对大量物质进行了细致检测，进而发现某些矿物所呈现的放射性，无法单纯以其所含的铀和钍的含量来解释。由此，我推断这些矿物中必定含有一种不同于铀和钍的放射性物质，且其放射性比这两种金属更强。

随后，我与皮埃尔·居里合作，之后又与皮埃尔·居里和亨利·贝克勒尔共同努力，成功从沥青铀矿中提取出了两种强放射性物质——钋和镭。自此以后，我一直致力于这些物质的化学分析和制备的工作。我通过必要的分离操作实现对镭的浓缩，并成功分离出纯氯化镭。

同时，我利用极少量的材料进行了多次原子量测定，最终得以较为精确地测定了镭的原子量。此项工作充分证明，镭是一种全新的化学元素。由此可见，由皮埃尔·居里和我建立的基于放射性来探寻新化学元素的新方法，具有充分的合理性与可靠性。

我还研究了钋射线和镭的可吸收射线的吸收规律，证实该吸收规律具有独特性，与已知的其他辐射规律存在显著差异。我还深入探究了镭盐放射性的变化规律，包括熔解和加热对其放射性的影响，以及熔解或加热后放射性随时间的恢复情况。

在与皮埃尔·居里的合作中，我们对新放射性物质产生的各种效

应（电学效应、感光效应、荧光效应、发光显色效应等）进行了系统
研究。同时，我们共同确定了镭能产生带负电荷的射线这一事实。

　　我们对新型放射性物质的研究引发了一场科学热潮，带动了众多
关于新型放射性物质研究以及对已知放射性物质辐射所进行的深入
研究。

居里夫人生平大事年表

1867年 11月7日，生于波兰首都华沙。父亲是中学物理教师，母亲为女子学校校长。

1873年 进入私立学校读书。

1876年 1月，14岁的大姐索菲娅因病去世。

1878年 5月9日，母亲因肺痨去世。

1881年 进入俄国人控制下的公立中学就读。

1883年 6月，以优异的成绩从中学毕业，并获得金质奖章。毕业后，因身体原因到乡下亲戚家里休养。

1884年 9月，返回华沙，做家庭教师，并参加了波兰爱国青年社团，边学习边参加爱国活动。

1886年 一个人到农村去当家庭教师，一直到1889年6月。

1890年 9月，返回华沙，第一次进入实验室，在表哥约瑟夫主持的实验室做物理和化学实验。

1891年 赴巴黎求学，以玛丽·斯科洛多夫斯卡的名字注册，进入巴黎大学理学院物理系学习。

1893年 7月，以第一名的优异成绩通过物理学学士学位考试，并获得奖学金，在巴黎大学继续攻读数学学士学位。

1894年 接受法国工业发展委员会关于钢磁性的研究课题。4月，与皮埃尔·居里结识。7月，以优异的成绩通过数学学士学位考试，然后返回波兰度假。10月，返回巴黎，继续完成课题研究。

1895年　7月，与皮埃尔·居里喜结良缘。

1896年　2月，法国物理学家亨利·贝克勒尔教授发现铀可以放射出一种射线。两年后，这种被称为贝克勒尔射线的未知射线引起了居里夫妇的关注。8月，通过中学教师资格考试，获物理考试第一名，进入巴黎物理和化学学校实验室工作。

1897年　第一篇学术论文《淬火钢的磁化特性》发表。9月12日，大女儿伊雷娜出生。

1898年　年初，选择铀射线作为博士论文选题。同时，发现钍也能放射出贝克勒尔射线，并将此种特性命名为放射性。夫妇两人合作研究放射学。7月，宣布发现一种新放射性元素，其放射性比铀强，命名为钋，以纪念自己的祖国波兰。12月，夫妇两人与亨利·贝克勒尔合作，又发现一种新元素，其放射性比铀强100万倍，命名为镭。

1899年　接受奥地利政府的1吨沥青铀矿废渣，作为提炼镭之用。

1900年　3月，皮埃尔·居里受聘为巴黎高等综合工业学校助教。居里夫人被聘为塞夫勒女子高等师范学校教师，教物理。

1902年　夫妇两人终于提炼出1分克氯化镭，第一次测定镭的原子量值为225。居里夫人的父亲病逝，享年70岁。

1903年　6月，居里夫人的博士论文《放射性物质的研究》获得通过，取得博士学位。12月，夫妇两人与亨利·贝克勒尔共享1903年度诺贝尔物理学奖。居里夫人成为第一位荣获诺贝尔奖的女性。

1904年　10月，任巴黎大学理学院物理实验室主任。12月，二女儿伊芙出生。

1905年　6月，居里夫妇前往斯德哥尔摩领取因病未能及时前去领取的诺贝尔奖。7月，皮埃尔·居里当选为巴黎科学院院士。

1906年　4月，皮埃尔·居里遇车祸身亡，终年47岁。5月，居里夫人去巴黎大学接替丈夫的工作。

1907年　提炼出纯净氯化镭，并测定出镭的原子量值为226，发表论文《论镭的原子量》。

1908年　晋升为教授。

1910年　2月，皮埃尔·居里的父亲去世。居里夫人提炼出纯净镭元素。《论放射性》两卷本专著问世。9月，参加在布鲁塞尔举行的放射学会议，发表《放射性系数表》。接受委托，制取21毫克金属镭作为基本测定标准，存放于巴黎国际度量衡标准局。

1911年　1月，竞选法国科学院院士，以几票之差落选。12月，瑞典诺贝尔奖委员会宣布授予她1911年度诺贝尔化学奖。居里夫人成为第一位两次获得诺贝尔奖的人。11日，做了诺贝尔奖演讲，题为《镭和化学中的新概念》。

1912年　12月，论文《放射性的测量和镭的标准》发表。

1913年　华沙镭实验室建立，亲自前往揭幕。夏天，做肾脏手术。10月，出席在布鲁塞尔举行的第二届索尔维会议。

1914年　7月，巴黎镭研究所居里楼落成，担任实验室主任。7月28日，第一次世界大战爆发。

1914—1918年　往返于法国各大战区，指导18支战地医疗服务队，用X射线配合战地救护。

1918年　11月，战争结束。波兰恢复独立。

1919年　巴黎镭研究所恢复运作。

1920年　居里基金会成立，自当年起开始向镭研究所拨款。5月，美国新闻工作者威廉·布朗·梅洛尼夫人采访她后，回到美国，号召美国妇女界捐款，购得1克镭捐给居里夫人。

1921年　《放射学和战争》一书出版。3月8日，与北京大学校长蔡元培会晤。5月，携两个女儿出访美国，接受捐赠的1克镭。5月20日，由美国总统哈丁在白宫主持赠送仪式。10月，出席在布鲁塞尔举行的第三届索尔维会议。

1922年　2月，当选为巴黎科学院院士。5月，出任联合国国际文化合作委员会委员。

1923年　7月，做白内障手术，未痊愈，后于1924年和1930年又接受了两次手术。撰写《皮埃尔·居里传》（1924年出版），并应威廉·布朗·梅洛尼夫人之请，撰写自传。

1924年　巴黎大学举行纪念大会，庆祝发现镭25周年。12月，接受保罗·朗之万介绍的学生约里奥为助手。

1925年　回华沙为波兰镭研究所奠基，并任名誉所长。10月，出席第四届索尔维会议。

1926年　10月，伊雷娜与约里奥喜结连理。

1927年　10月，出席第五届索尔维会议。

1929年　第二次访问美国，代表华沙镭研究所接受美国人民赠给波兰的1克镭，由胡佛总统主持赠送仪式。秋天，接受我国清华大学物理系首届毕业生施士元为研究生。

1930年　10月，出席第六届索尔维会议。

1931年　前往华沙主持波兰镭研究所的开幕典礼。

1933年　在西班牙马德里举行的国际文化合作委员会会议上被选为主席。10月，与约里奥·居里夫妇一起出席第七届索尔维会议。约里奥·居里在会上报告了《他们很有成就》的研究论文。

1934年　在居里夫人的指导下，约里奥·居里夫妇发现了人工放射性。两卷本《放射性》完稿（1935年出版）。6月，因病入疗养院。7月4日，因白血病逝世。7月6日，安葬于巴黎郊外居里墓地。7月7日，蔡元培致电吊唁。德比埃尔接任居里实验室主任。

1935年　12月，约里奥·居里夫妇因"研究和合成人工放射性元素"而双双获得诺贝尔化学奖。

1946年　居里夫妇的大女儿伊雷娜接任居里实验室主任。

1965年　12月，二女儿伊芙的丈夫亨利·拉布伊斯以联合国儿童基金会总干事的身份，在斯德哥尔摩接受诺贝尔和平奖。